《金属非金属矿山重大事故隐患判定标准》
解　　读

国家矿山安全监察局非煤矿山安全监察司　编制

应急管理出版社
·北　京·

图书在版编目（CIP）数据

《金属非金属矿山重大事故隐患判定标准》解读／国家矿山安全监察局非煤矿山安全监察司编制．－－北京：应急管理出版社，2022（2023.11重印）

ISBN 978－7－5020－9651－9

Ⅰ.①金…　Ⅱ.①国…　Ⅲ.①矿山事故—判定—标准—中国　Ⅳ.①TD77

中国版本图书馆 CIP 数据核字（2022）第 214875 号

《金属非金属矿山重大事故隐患判定标准》解读

编　　　制	国家矿山安全监察局非煤矿山安全监察司
责任编辑	赵金园
责任校对	孔青青
封面设计	于春颖
出版发行	应急管理出版社（北京市朝阳区芍药居 35 号　100029）
电　　话	010－84657898（总编室）　010－84657880（读者服务部）
网　　址	www.cciph.com.cn
印　　刷	天津嘉恒印务有限公司
经　　销	全国新华书店
开　　本	710mm×1000mm $^1/_{16}$　印张　$15^1/_4$　字数　233 千字
版　　次	2022 年 11 月第 1 版　2023 年 11 月第 2 次印刷
社内编号	20221492　　　　　　　　定价　68.00 元

版权所有　违者必究

本书如有缺页、倒页、脱页等质量问题，本社负责调换，电话:010－84657880

前　言

为帮助金属非金属矿山企业和安全监管监察部门准确掌握《金属非金属矿山重大事故隐患判定标准》，正确理解和科学把握重大隐患条文内容，提高重大事故隐患排查治理效能，有效防范遏制重特大事故，国家矿山安全监察局非煤矿山安全监察司组织编制了《〈金属非金属矿山重大事故隐患判定标准〉解读》（以下简称《解读》）。同时，为便于大家对《解读》的全面学习和理解，本书还辑录了《国家矿山安全监察局关于印发〈金属非金属矿山重大事故隐患判定标准〉的通知》（矿安〔2022〕88号）、《国家矿山安全监察局关于印发〈关于加强非煤矿山安全生产工作的指导意见〉的通知》（矿安〔2022〕4号）、《金属非金属矿山安全规程》（GB 16423—2020）和《尾矿库安全规程》（GB 39496—2020）。

在本书编辑过程中，得到了应急管理部研究中心、中国恩菲工程技术有限公司和矿冶科技集团有限公司等单位及其人员的大力支持，在此一并表示感谢。

编　者

2022年11月1日

目　　录

《金属非金属矿山重大事故隐患判定标准》解读 …………………… 1

　一、金属非金属地下矿山重大事故隐患解读 ………………………… 1

　二、金属非金属露天矿山重大事故隐患解读 ………………………… 45

　三、尾矿库重大事故隐患解读 ………………………………………… 55

附录一　国家矿山安全监察局关于印发《金属非金属
　　　　矿山重大事故隐患判定标准》的通知
　　　　（矿安〔2022〕88号）……………………………………… 76

附录二　国家矿山安全监察局关于印发《关于加强非
　　　　煤矿山安全生产工作的指导意见》的通知
　　　　（矿安〔2022〕4号）………………………………………… 84

附录三　金属非金属矿山安全规程（GB 16423—2020）…………… 95

附录四　尾矿库安全规程（GB 39496—2020）……………………… 193

《金属非金属矿山重大事故隐患判定标准》解读

一、金属非金属地下矿山重大事故隐患解读

(一) 安全出口存在下列情形之一的：

1. 矿井直达地面的独立安全出口少于 2 个，或者与设计不一致；

> **解读**
>
> 直达地面的安全出口型式有竖井、斜井、斜坡道和平硐（平巷）或其组合。《金属非金属矿山安全规程》(GB 16423—2020) 第 6.1.1.1 条规定：每个矿井至少应有两个相互独立、间距不小于 30 m、直达地面的安全出口。
>
> 两个安全出口必须均能独自到达地面，且相互之间不能串联衔接；"安全出口与设计不一致"是指矿山实际的安全出口数量少于已批准的安全设施设计。存在本款情形即判定为重大事故隐患。

2. 矿井只有两个独立直达地面的安全出口且安全出口的间距

小于30米，或者矿体一翼走向长度超过1000米且未在此翼设置安全出口；

> □解读
>
> 《金属非金属矿山安全规程》第6.1.1.1条规定：每个矿井至少应有两个相互独立、间距不小于30 m、直达地面的安全出口；矿体一翼走向长度超过1000 m时，此翼应有安全出口。
>
> 矿体一翼距离安全出口或安全出口的联络巷（如石门巷道）太长，如图1-1所示，生产中一旦出现大面积矿岩垮塌导致中间全部线路阻断时，则会导致端部人员无法逃离。但应
>
>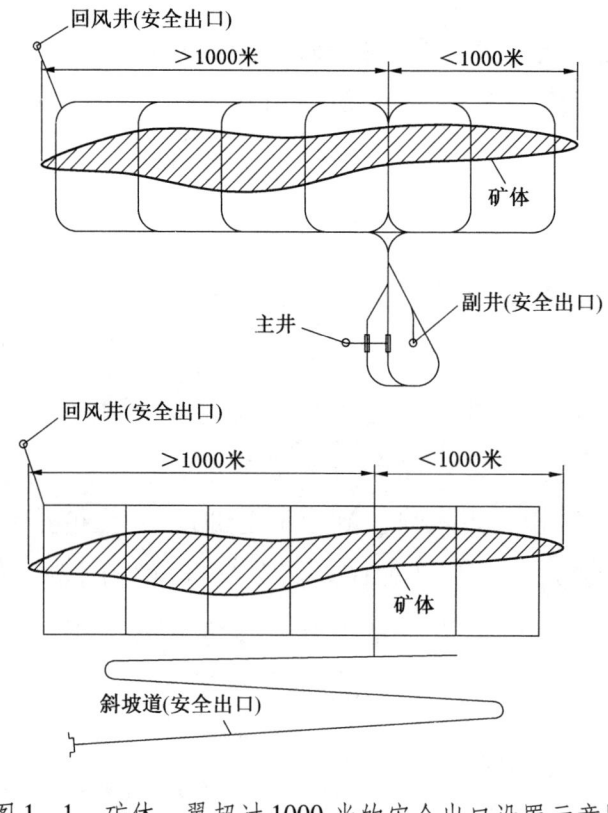
>
> 图1-1 矿体一翼超过1000米的安全出口设置示意图

注意，此处并非要求沿走向长度每超过1000米就应设有一个直达地面的安全出口，而是要求在端部设置一个安全出口即可（有设计要求时应按设计设置）。此处的安全出口可以是直达地面的，也可以是通过其他中段连通此翼直达地面的。

3. 矿井的全部安全出口均为竖井且竖井内均未设置梯子间，或者作为主要安全出口的罐笼提升井只有1套提升系统且未设梯子间；

解读

《金属非金属矿山安全规程》第6.1.1.3条规定：作为主要安全出口的罐笼提升井，应装备2套相互独立的提升系统，或装备1套提升系统并设置梯子间。当矿井的安全出口均为竖井时，至少有一条竖井中应装备梯子间。

"主要安全出口"是指矿山井下人员日常工作时使用的安全出口。矿山直达地面的安全出口全部为竖井时，如果所有井筒内均未设置梯子间，一旦发生电力中断或机械故障难以短时恢复提升时，则会导致井下人员无法自行疏散、撤离，因此应保证至少有一个井筒内设置梯子间。但并非要求所有竖井均应设置梯子间。两套独立的提升系统或1套提升系统设置梯子间，可提高安全出口的可靠性，避免将人员困在井下或罐笼中。因此，存在本款情形即判定为重大事故隐患。

4. 主要生产中段（水平）、单个采区、盘区或者矿块的安全

出口少于2个,或者未与通往地面的安全出口相通;

> **解读**
>
> 《金属非金属矿山安全规程》第6.1.1.1条规定:每个生产水平或中段至少应有两个便于行人的安全出口,并应同通往地面的安全出口相通。第6.3.1.4条规定:每个采区或者盘区、矿块均应有两个便于行人的安全出口,并与通往地面的安全出口相通。
>
> "主要生产中段(水平)"是指进行运输、出矿、凿岩、充填和回风管理等作业的水平。"采区"是指阶段或开采水平内划分的具有独立生产系统的开采块段。"盘区"是指按回采工艺要求由若干矿块组成的独立回采区段。"矿块"是指在阶段中每隔一定距离,对矿体划分的最小独立回采单元,矿块内可完成掘进、爆破、装矿、运输、卸矿等回采工序。存在本款情形即判定为重大事故隐患。

5. 安全出口出现堵塞或者其梯子、踏步等设施不能正常使用,导致安全出口不畅通。

> **解读**
>
> 《金属非金属矿山安全规程》第6.1.1.1条规定:安全出口应定期检查,保证其处于良好状态。
>
> 地下矿山井下环境湿度大,还经常受到回采爆破振动、地压影响。因此,安全出口内的设施可能会受到不同程度的破坏。当梯子、踏步破坏程度达到无法行人时,则视为安全出口不畅通。存在本款情形即判定为重大事故隐患。

(二) 使用国家明令禁止使用的设备、材料或者工艺。

> **解读**
>
> 国家明令禁止使用的设备、材料或者工艺包括：《国家安全监管总局关于发布金属非金属矿山禁止使用的设备及工艺目录（第一批）的通知》（安监总管一〔2013〕101号）、《国家安全监管总局关于发布金属非金属矿山禁止使用的设备及工艺目录（第二批）的通知》（安监总管一〔2015〕13号），以及国家标准、行业标准和应急管理部、国家矿山安全监察局制定的行政规范性文件规定的严禁金属非金属地下矿山使用的设备、材料或者工艺。存在本条情形即判定为重大事故隐患。

(三) 不同矿权主体的相邻矿山井巷相互贯通，或者同一矿权主体相邻独立生产系统的井巷擅自贯通。

> **解读**
>
> "矿权主体"是指矿山项目的建设单位。不同矿权主体的两座或多座矿山属于不同的生产管理单位，相互贯通后会造成通风系统紊乱、入井人员难以有序管理、作业区相互干扰等风险，一旦发生火灾、突水事故，可能蔓延至相邻矿山。同一矿权主体相邻独立生产系统的井巷，没有经过整体设计，且未经有关部门批准而擅自贯通，可能导致两个生产系统的通风系统紊乱，引发炮烟中毒和火灾事故。因此，存在本条情形即判定为重大事故隐患。

（四）地下矿山现状图纸存在下列情形之一的：

1. 未保存《金属非金属矿山安全规程》（GB 16423—2020）第4.1.10条规定的图纸，或者生产矿山每3个月、基建矿山每1个月未更新上述图纸；

> **解读**
>
> 《金属非金属矿山安全规程》第4.1.10条规定，地下矿山应保存相关图纸，并根据实际情况的变化及时更新：矿区地形地质图、水文地质图（含平面和剖面）；开拓系统图；中段平面图；通风系统图；井上、井下对照图；压风、供水、排水系统图；通信系统图；供配电系统图；井下避灾路线图；相邻采区或矿山与本矿山空间位置关系图。
>
> 《国家矿山安全监察局关于印发〈关于加强非煤矿山安全生产工作的指导意见〉的通知》（矿安〔2022〕4号）第（十四）条规定：基建金属非金属地下矿山必须按照批准的安全设施设计建设，严禁以采代建；必须有与实际相符的纸质现状图，其中开拓系统图，中段平面图，通风系统图，井上、井下对照图，压风、供水、排水系统图，供配电系统图，井下避灾路线图等，至少每月更新一次并由主要负责人签字确认。生产金属非金属地下矿山应当按照《金属非金属矿山安全规程》规定的图纸目录，绘制与现场实际相符的纸质现状图，且至少每3个月更新一次并由主要负责人签字确认。
>
> 对于金属非金属地下矿山，通过相关图纸可以全面掌握其工程布置、设备及人员的分布情况，一是方便指导矿山日常生产工作，二是有利于在事故发生后开展救援工作时提供准确详

细的资料。因此，上述图纸如未完整保存，或生产矿山每3个月、基建矿山每1个月没有更新由其主要负责人签字确认且与实际情况相符的纸质版图纸，即判定为重大事故隐患。

2. 岩体移动范围内的地面建构筑物、运输道路及沟谷河流与实际不符；

☞ 解读

"岩体移动范围"是指已批准的安全设施设计中圈定的岩体移动范围。井上、井下对照图中可显示地表移动范围、地面建构筑物、运输道路、沟谷河流等相关信息。如果图纸中显示的地表各类设施与实际位置不符或图中缺失相关信息，则无法准确判断矿山生产对地表设施的影响程度，可能导致地表建构筑物出现破坏，也可能导致地表的水体涌入井下引发淹井事故。因此，存在本款情形即判定为重大事故隐患。

3. 开拓工程和采准工程的井巷或者井下采区与实际不符；

☞ 解读

"开拓工程"是指从地表掘进的一系列通达矿体的井巷工程，以形成提升、运输、通风、排水、供水、压风、供电等完整系统。"采准工程"是指在完成开拓工程的基础上，掘进的一系列井巷，可将阶段划分为矿块，并获得采准矿量。开拓工程、采准工程和采区的布置图是井下开展生产工作的重要依据，是发生事故后开展精准救援工作的基础，也是判断矿山工程布置是否满足安全要求的重要资料。"井下采区与实际不符"包括采区的位置和数量与实际不符。因此，存在本款情形即判定为重大事故隐患。

4. 相邻矿山采区位置关系与实际不符；

☞ 解读

《金属非金属矿山安全规程》第4.1.10条规定，地下矿山应保存的图纸中应正确标记：采空区和已充填采空区、废弃井巷和计划开采的采场的位置、名称与尺寸。

"相邻矿山"是指两者距离较近的矿山。相邻矿山生产可能会相互影响，特别是爆破振动和开采引起的岩层移动。矿山之间的位置关系，特别是采区之间的相互位置关系，是协调相邻矿山之间安全生产的重要依据。因此，存在本款情形即判定为重大事故隐患。

5. 采空区和废弃井巷的位置、处理方式、现状，以及地表塌陷区的位置与实际不符。

☞ 解读

《金属非金属矿山安全规程》第4.1.10条规定，地下矿山应保存的图纸中应正确标记：采空区及废弃井巷的处理方式、进度、现状及地表塌陷区的位置。

采空区和废弃井巷的现状主要包括大小、形态、稳定状况、积水情况等。采空区、废弃井巷相关信息和地表塌陷区位置，对矿山后续安全生产影响较大，如果图纸内容与实际不符，则生产过程中无法准确判断相关风险，极易导致事故发生。例如采空区大面积坍塌破坏引起井下空气冲击波或振动，可能造成工程、设备的破坏和人员伤亡；空区积水突然涌出，可能引发淹井事故。因此，存在本款情形即判定为重大事故隐患。

（五）露天转地下开采存在下列情形之一的：

1. 未按设计采取防排水措施；

> **解读**
>
> 《金属非金属矿山安全规程》第6.1.2条规定：露天开采转地下开采时，应考虑露天边坡稳定性以及可能产生的泥石流对地下开采的影响。地下开采时的矿山排水设计应考虑露天坑汇水影响。
>
> 露天转地下开采时，由于上部露天坑的汇水对井下开采影响较大，设计防排水方案时会根据规程要求和矿山面临的诸多风险因素，全面考虑露天和地下防排水系统的能力，因此，严格按照设计方案进行建设可有效避免井下生产发生水灾事故。如果矿山未按设计采取防排水措施，导致排水能力不足，即判定为重大事故隐患。

2. 露天与地下联合开采时，回采顺序与设计不符；

> **解读**
>
> 《金属非金属矿山安全规程》第6.1.3.1条规定：露天与

地下同时开采时，应合理安排露天与地下各采区的回采顺序，避免相互影响。

"回采顺序"是指露天和地下回采区域之间空间位置关系的时序安排。露天和地下同时生产时，如果回采顺序不合理，露天和地下之间相互影响，则会增加露天和地下生产的安全风险。例如地下开采时的爆破和采空区会造成地表露天边坡失稳，对露天坑内设备和人员造成威胁；露天开采的爆破和大型设备运行同样会造成地下采场、井巷工程发生冒顶、片帮等风险。因此，存在本款情形即判定为重大事故隐患。

3. 未按设计采取留设安全顶柱或者岩石垫层等防护措施。

解读

露天转地下开采时，地下开采可以选择的采矿方法有崩落法、充填法和空场法。如果选择崩落法，则井下矿岩会持续崩落直至贯通露天坑底及边帮，生产时会造成露天坑边坡的垮塌，为避免边坡破坏后矿岩对地下工程的冲击，设计时会考虑在井下作业面上部留有一定的岩石松散垫层。如果选择充填法或空场法，井下爆破振动和露天边坡长时间缺少维护，也可能导致大规模坍塌。为保证井下生产安全，设计时应在露天坑底预留一定厚度的矿岩顶柱。此外，安全顶柱或者岩石垫层还具有阻止或延缓露天坑内积水快速渗入井下、避免发生淹井事故的作用。因此，存在本款情形即判定为重大事故隐患。

（六）矿区及其附近的地表水或者大气降水危及井下安全时，未按设计采取防治水措施。

> **解读**
>
> 《金属非金属矿山安全规程》第6.8.2.5条规定：矿区及其附近的地表水或大气降水有可能危及井下安全时，应根据具体情况采取设防洪堤、截水沟、封闭溶洞或报废的矿井和钻孔、留设防水矿柱等防范措施。
>
> "地表水或者大气降水"主要是指矿区周边存在湖泊、水库、溪流、河流或季节性洪水。对江河、湖海等大型水体，应将河流改道或留矿柱，避免水体与井下发生直接水力联系。对小水库、灌渠、沼泽等中小型水体，除矿体上部覆盖层很厚、隔水性能好，水体与井下无直接联系外，一般在生产前应排干。对洪水、雨水、冰雪融化水等季节性水体，应设置截（排）洪沟，拦截和导出地表水体至塌陷区之外。因此，存在本条情形即判定为重大事故隐患。

（七）井下主要排水系统存在下列情形之一的：

1. 排水泵数量少于3台，或者工作水泵、备用水泵的额定排水能力低于设计要求；

> **解读**
>
> 《金属非金属矿山安全规程》第6.8.4.3条规定：井下主要排水设备应包括工作水泵、备用水泵和检修水泵。工作水泵应能在20 h内排出一昼夜正常涌水量；工作水泵和备用水泵应能在20 h内排出一昼夜的设计最大排水量。备用水泵能力不

小于工作水泵能力的50%；检修水泵能力不小于工作水泵能力的25%。只设3台水泵时，水泵型号应相同。

"额定排水能力"是指水泵铭牌上标示的排水能力。井下主要排水系统的水泵最少要求配置3台，其中包括1用1备1检修，主要目的是保证排水设备在正常和设计最大排水工况条件下排水能力的可靠性。如果工作水泵、备用水泵的额定能力低于设计要求，则存在淹井的风险。因此，存在本款情形即判定为重大事故隐患。

2. 井巷中未按设计设置工作和备用排水管路，或者排水管路与水泵未有效连接；

解读

《金属非金属矿山安全规程》第6.8.4.4条规定：应设工作排水管路和备用排水管路。水泵出口应直接与工作排水管路和备用排水管路连接。

"有效连接"是指任何水泵（包括工作、备用和检修水泵）均应与全部管路（包括工作和备用排水管路）连通。设置备用排水管路的目的是避免工作排水管路出现故障导致排水系统能力下降。因此，存在本款情形即判定为重大事故隐患。

3. 井下最低中段的主水泵房通往中段巷道的出口未装设防水门，或者另外一个出口未高于水泵房地面7米以上；

> **解读**
>
> 《金属非金属矿山安全规程》第6.8.4.2条规定：井下最低中段的主水泵房出口不少于两个；一个通往中段巷道并装设防水门；另一个在水泵房地面7 m以上与安全出口连通，或者直接通达上一水平。
>
> 井下涌水量超过排水系统的最大能力时，关闭主水泵房通往中段巷道出口内的防水门，可以保护水泵房内的排水设施正常工作。当主水泵房通往中段巷道的出口内无法设置防水门时，允许将防水门设置在中段巷道内，防水门的位置应位于水仓入口和主水泵房通往中段巷道的出口之间。另一个出口应高于水泵房地面7米以上并与通达地表的安全出口连通，或直接通达上一水平，否则，视为无效安全出口。因此，存在本款情形即判定为重大事故隐患。

4. 利用采空区或者其他废弃巷道作为水仓。

> **解读**
>
> 《国家矿山安全监察局关于印发〈关于加强非煤矿山安全生产工作的指导意见〉的通知》第（五）条第4款规定：金属非金属地下矿山应当建立完善的防排水系统，严禁以废弃巷道、采空区等充作水仓。
>
> 采空区和废弃巷道本身安全性较差，随时存在坍塌和冒顶的风险，作为水仓则无法保证排水系统的可靠性。因此，存在本款情形即判定为重大事故隐患。

（八）井口标高未达到当地历史最高洪水位 1 米以上，且未按设计采取相应防护措施。

> **解读**
>
> 《金属非金属矿山安全规程》第 6.8.2.3 条规定：矿井（竖井、斜井、平硐等）井口的标高应高于当地历史最高洪水位 1 m 以上。
>
> 当井口的原始地形标高不能满足高于当地历史最高洪水位 1 米以上的要求时，可采取的防护措施包括设置防洪堤、拦水坝和修筑人工岛等。如果井口标高未达到历史最高洪水位 1 米以上，且未按设计采取相应防护措施的即判定为重大事故隐患。

（九）水文地质类型为中等或者复杂的矿井，存在下列情形之一的：

1. 未配备防治水专业技术人员；

> **解读**
>
> 《金属非金属地下矿山防治水安全技术规范》（AQ 2061—2018）第 4.3 条规定：水文地质条件中等矿山应成立相应防治水机构，配置防治水专业技术人员，配备防治水及抢险救灾设备，建立探放水队伍。水文地质条件复杂矿山应设立专门防治水机构，配置专职防治水专业技术人员，建立专业探放水队伍，配备相应的防排水设施、配齐专用探水装备和防治水抢险救灾设备。
>
> 防治水专业技术人员应具有地质或水文地质类专业背景，

能对矿山水文地质情况进行准确掌握和判断，并在此基础上系统地采取有效防治措施。否则，极易发生重大安全事故。因此，存在本款情形即判定为重大事故隐患。

2. 未设置防治水机构，或者未建立探放水队伍；

解读

防治水机构和探放水队伍，是矿山有效实施防治水工作的人员和组织保障，否则制定的防治水安全措施将无法得到高质量实施，矿山的防治水工作仍有可能出现重大缺陷。因此，存在本款情形即判定为重大事故隐患。

3. 未配齐专用探放水设备，或者未按设计进行探放水作业。

解读

"专用探放水设备"主要包括专用的探放水钻机、孔口管和控制阀门等。探放水设备是矿山有效实施防治水工作的设备保障。探放水设计是探放水工作开展的主要依据，探放水作业应严格按照设计执行。矿山未编制探放水设计，专用探放水设备数量不满足探放水设计要求，或者矿山未按照探放水设计进行探放水作业，即判定为重大事故隐患。

（十）水文地质类型复杂的矿山存在下列情形之一的：

1. 关键巷道防水门设置与设计不符；

☞解读

《金属非金属矿山安全规程》第6.8.3.3条规定：水文地质条件复杂的矿山应在关键巷道内设置防水门，防止水泵房、中央变电所和竖井等井下关键设施被淹。防水门压力等级应高于其承受的静压且高于一个中段高度的水压。

"关键巷道"是指安装防水门后能够控制井下涌水流向水仓、主井、副井、马头门和车场等区域的巷道。安装并关闭防水门后可以控制井下涌水流入水仓的速度和水量。

水文地质条件复杂的矿山，仅靠水泵的机械排水能力不能完全保证矿山的安全。在关键巷道内设置的防水门应位于水仓进水口及需要保护的竖井等井下关键设施之外，当井下短时间最大涌水量超过排水系统的最大能力时，防水门可以保证排水系统和竖井等井下关键设施的安全。因此，关键巷道内设置的防水门位置与设计不符，或者防水门的数量和设防压力低于设计要求，即判定为重大事故隐患。

2. 主要排水系统的水仓与水泵房之间的隔墙或者配水阀未按设计设置。

☞解读

《金属非金属矿山安全规程》第6.8.3.3条规定：矿山井下最低中段的主水泵房和变电所的进口应装设防水门，防水门压力等级不低于0.1 MPa。水仓与水泵房之间应隔开，隔墙、水仓与配水井之间的配水阀的压力等级应与防水门相同。

水仓与水泵房之间的隔墙或者配水阀可以控制由水仓进入

水泵房吸水井的水流速度，防止进入吸水井的水流速度超过水泵的排水能力，避免排水系统破坏引发淹井事故。根据《金属非金属矿山安全规程》要求，隔墙和配水阀的压力等级不应小于水泵房出口内防水门的压力等级。矿山未按设计设置隔墙或配水阀，或者压力等级低于设计要求，即判定为重大事故隐患。

（十一）在突水威胁区域或者可疑区域进行采掘作业，存在下列情形之一的：

1. 未编制防治水技术方案，或者未在施工前制定专门的施工安全技术措施；

☞ 解读

《金属非金属矿山安全规程》第6.1.4.4条规定：在强含水层及高水压地层中作业应编制防治水技术方案；施工前应制定专门的施工安全技术措施。

"突水威胁区域或者可疑区域"主要是指接近水淹或可能积水的井巷、采空区或者邻近其他矿山的区域；接近含水层、导水断层、暗河、溶洞和导水陷落柱的区域；接近可能与河流、湖泊、水库、水池、水井等相通的断层带的区域；接近有出水可能的老钻孔的区域；接近水文地质条件复杂的区域；采掘破坏影响范围内有承压含水层或含水构造、矿床与含水层之间的防隔水矿（岩）柱厚度不清楚可能发生突水的区域。

"防治水技术方案"应包括水文地质条件、防治水工程的具体布置、防治水工程与其他矿山工程实施的时序要求等内容。"施工安全技术措施"主要包括"三专两探一撤"措施，即配备防治水专业技术人员、建立专门探放水队伍、配齐专用探放水设备，采用物探、钻探等方法进行探放水，且在遇到重大险情时必须立即停产撤人。当预测施工作业有可能穿过水患地层时，如未事先编制好防治水技术方案、制定施工安全技术措施，则可能产生较大突水风险甚至造成人员伤亡。因此，存在本款情形即判定为重大事故隐患。

2. 未超前探放水，或者超前钻孔的数量、深度低于设计要求，或者超前钻孔方位不符合设计要求。

☞ 解读

《金属非金属矿山安全规程》第6.1.4.4条规定：在强含水层及高水压地层中作业应边探边掘，打钻孔超前探水，每次钻孔数量不少于4个；钻孔深度在竖井中不小于40 m，在平巷中不小于10 m。

在突水威胁区域或者可疑区域进行采掘作业，必须打超前钻孔探水，保证作业面安全。保证超前钻孔的数量、方位和深度满足设计要求的主要目的是全面探清掘进面前方的含水层情况，并预留采取处理措施的空间。因此，存在本款情形即判定为重大事故隐患。

（十二）受地表水倒灌威胁的矿井在强降雨天气或者其来水

上游发生洪水期间，未实施停产撤人。

> **解读**
>
> "受地表水倒灌威胁的矿井"主要是指靠近地表河流、山洪部位、水库或地表沉降、开裂、塌陷易导致地表水进入井巷和采空区的矿井。强降雨在气象学上一般被称为"暴雨"，气象部门有相应的等级划分：①1小时内的雨量为16毫米或以上的雨；②24小时内的雨量为50毫米或以上的雨。
>
> 生产或基建地下矿山生产中遇到本条情形时，发生淹井困人的风险极大，如果不实施停产撤人，极易造成人员伤亡。因此，存在本条情形即判定为重大事故隐患。

（十三）有自然发火危险的矿山，存在下列情形之一的：

1. 未安装井下环境监测系统，实现自动监测与报警；

> **解读**
>
> 《金属非金属矿山安全规程》第6.9.2.1条规定：有自然发火危险的矿山应设井下环境监测系统，实现连续自动监测与报警。
>
> "自然发火"是指有自燃倾向性的矿石被开采破碎后在常温下与空气接触，发生氧化，产生热量，使其温度升高，出现发火和冒烟的现象。
>
> 金属非金属矿山的自然发火，由于燃烧物一般是硫化物，所以有大量的H_2S、SO_2产生，硫化矿石在自热阶段也有SO_2产生，因此，SO_2和H_2S浓度可作为监测指标；硫化矿山自热

区段涌水的酸性增强，pH 值也可作为硫化矿山火灾的初期征兆指标；矿井空气和岩石温度是鉴别内因火灾最直接、最准确的指标。如果矿山未实施环境监测并实现自动监测与报警，则无法监测矿山发生火灾的前期征兆。因此，存在本款情形即判定为重大事故隐患。

2. 未按设计或者国家标准、行业标准采取防灭火措施；

解读

《金属非金属矿山安全规程》第 6.9.2.2 条规定，开采有自然发火危险的矿床应采取以下防火措施：主要运输巷道、总进风道、总回风道，均应布置在无自然发火危险的围岩中，并采取预防性注浆或者其他有效措施；选择合适的采矿方法，合理划分矿块，并采用后退式回采顺序；根据采取防火措施后的矿床最短发火期确定采区开采期限；充填法采矿时，应采用惰性充填材料及时充填采空区；应有灭火的应急预案；采用黄泥或其他物料注浆灭火时应按应急预案规定的钻孔网度、料浆浓度和注浆系数进行；应防止上部中段的水泄漏到采矿场，并防止水管在采场漏水；严密封闭采空区；应清理采场矿石，工作面不应留存坑木等易燃物。

设计或者国家标准、行业标准要求采取的防灭火措施是避免和应对火灾的有效措施。因此，存在本款情形即判定为重大事故隐患。

3. 发现自然发火预兆，未采取有效处理措施。

> **解读**
>
> "自然发火预兆"是指井下环境监测系统监测的指标出现异常，系统发出报警的情形。"有效处理措施"主要有阻断通风风流、实施灌浆覆盖、撤出人员等。对于自然发火危险的矿山，进行井下环境监测的目的是提前发现矿山自然发火预兆，以便及时采取有效措施，将火灾消灭在萌芽状态。因此，存在本款情形即判定为重大事故隐患。

（十四）相邻矿山开采岩体移动范围存在交叉重叠等相互影响时，未按设计留设保安矿（岩）柱或者采取其他措施。

> **解读**
>
> 《国家矿山安全监察局关于印发〈关于加强非煤矿山安全生产工作的指导意见〉的通知》第（五）条第 1 款规定：不同开采主体相邻金属非金属地下矿山之间应当留设不小于 50 米的保安矿（岩）柱。
>
> "岩体移动范围"是指由于地下空间、原岩应力变化引发的围岩变形、移动及辐射到地表区域的轮廓。"保安矿（岩）柱"是指相邻矿山开采范围之间的矿（岩）柱。"其他措施"主要有搬迁受影响范围内的设施、改变相邻矿山之间的回采顺序等。如果相邻矿山开采岩体移动范围存在相互影响，则井下开采容易引起相邻矿山地表设施的破坏。因此，存在本条情形即判定为重大事故隐患。

(十五)地表设施设置存在下列情形之一,未按设计采取有效安全措施的:

1. 岩体移动范围内存在居民村庄或者重要设备设施;

> **解读**
>
> "重要设施"主要是指二级及以上公路、铁路、输电线路等。如果地下矿山开采引起的岩体移动范围内存在居民村庄或其他重要设备设施,则可能会导致房屋坍塌、设备设施破坏。留设保安矿(岩)柱可对不可移动的重要设施进行原地保护。岩体移动范围内存在居民村庄或者重要设备设施且未按设计采取有效安全措施,即判定为重大事故隐患。

2. 主要开拓工程出入口易受地表滑坡、滚石、泥石流等地质灾害影响。

> **解读**
>
> 《金属非金属矿山安全规程》第6.3.1.3条规定:地表主要建构筑物、主要开拓工程入口应布置在不受地表滑坡、滚石、泥石流、雪崩等危险因素影响的安全地带,无法避开时,应采取可靠的安全措施。
>
> 矿山主要工程的出入口属于矿山生产的咽喉工程,人员和设备进出较为频繁,一旦发生地质灾害,可能会直接伤害通行的设备和人员,并会导致井下人员被困。当场地受地形限制较大不能充分避开可能的地质灾害影响时,应根据情况采取有效措施,例如进行放坡、加固、修建拦挡墙等,保证矿山生产安全。因此,存在本款情形即判定为重大事故隐患。

（十六）保安矿（岩）柱或者采场矿柱存在下列情形之一的：

1. 未按设计留设矿（岩）柱；

> **解读**
>
> "矿（岩）柱"包括保护地表设施的保安矿柱、保证采场稳定的采场间柱和顶底柱、防火矿柱、防水矿柱等。设计留设的矿（岩）柱可保证地表设施和采场作业安全，避免突水、火灾事故发生。因此，矿山生产中未按设计留设矿（岩）柱，或留设的矿（岩）柱位置、尺寸、形状不符合设计要求，即判定为重大事故隐患。

2. 未按设计回采矿柱；

> **解读**
>
> 《金属非金属矿山安全规程》第6.3.2.4条规定：空场法回采矿柱应由原设计单位或专业研究机构研究论证。
>
> 设计中留设的矿柱在矿房回采时起着支撑和保护作用，随意开采极有可能造成采场坍塌。因此，矿柱应经设计单位研究论证后，方可按照设计的回采方法和顺序进行回采。否则，即判定为重大事故隐患。

3. 擅自开采、损毁矿（岩）柱。

> **解读**
>
> 《金属非金属矿山安全规程》第6.3.1.6条规定：应严格

保持矿柱（含顶柱、底柱和间柱等）的尺寸、形状和直立度；应有专人检查和管理，确保矿柱的稳定性。第6.3.2.1条规定：采用全面采矿法、房柱采矿法采矿，未经原设计单位变更设计或专业研究机构的研究并采取安全措施，不得减小矿柱（包括点柱、条柱）尺寸或扩大矿房的尺寸，不得采用人工支柱替代原有矿柱以回采矿柱。第6.3.2.4条规定：空场法回采矿柱应由原设计单位或专业研究机构研究论证。第6.8.3.2条规定：防治水设计应确定安全矿（岩）柱的尺寸，在设计规定的保留期内不应开采或破坏安全矿（岩）柱。

随意破坏或开采矿柱，极易破坏矿柱保护的对象。因此，存在本款情形即判定为重大事故隐患。

（十七）未按设计要求的处理方式或者时间对采空区进行处理。

☞ 解读

《金属非金属矿山安全规程》第6.3.1.5条规定：采矿设计应提出矿柱回采和采空区处理方案，并制定专门的安全措施。第6.3.1.15条规定：采用空场法采矿的矿山，应采取充填、隔离或强制崩落围岩的措施，及时处理采空区。

采用空场法和充填法开采的矿山，如果回采后的采空区不及时处理，采空区长时间在爆破振动、地应力和地下水的作用下，可能会发生不同程度的垮塌或积水，容易造成人员伤亡和财产损失。如果采空区采取的充填、隔离或强制崩落的处理方式、充填体的强度指标、采空区处理的时间安排等与设计不符，即判定为重大事故隐患。

（十八）工程地质类型复杂、有严重地压活动的矿山存在下列情形之一的：

1. 未设置专门机构、配备专门人员负责地压防治工作；

☞ 解读

《金属非金属矿山安全规程》第6.3.1.14条规定：工程地质复杂、有严重地压活动的矿山，应设立专门机构或专职人员负责地压管理工作，做好现场监测和预测、预报工作。

工程地质类型分为简单、中等和复杂三类，地质勘探报告中会给出具体的类型。"有严重地压活动"是指矿山地应力大、应力集中明显、矿山经常发生顶板冒落坍塌事故、巷道掘进后容易发生变形破坏、矿柱发生失稳甚至岩爆等情形。

工程地质类型复杂和有严重地压活动的矿山，生产中潜在的安全风险较高，设置专门机构和人员负责矿山的地压防治工作，可采取有效预防措施降低安全风险。因此，存在本款情形即判定为重大事故隐患。

2. 未制定防治地压灾害的专门技术措施；

☞ 解读

《金属非金属矿山安全规程》第6.3.3.3条规定：具有岩爆危害的矿井应制定防治岩爆灾害的专门技术措施。

"防治地压灾害的专门技术措施"包括开展监测、提前泄压、加强支护、调整回采顺序和采矿方法、及时充填采空区等。工程地质类型复杂、有严重地压活动的矿山应结合自身特点制定有效、可操作的技术措施，保证生产安全。否则，即判定为重大事故隐患。

3. 发现大面积地压活动预兆，未立即停止作业、撤出人员。

解读

《金属非金属矿山安全规程》第6.3.1.14条规定：工程地质复杂、有严重地压活动的矿山发现大面积地压活动预兆应立即停止作业，将人员撤至安全地点。

"大面积地压活动预兆"主要有围岩发响，顶板断裂声加剧，能够听到清脆声响；采场顶板局部冒落，矿柱及支护变形破坏；邻近采空区的巷道严重变形或遭到破坏。一旦矿山生产中出现大面积地压活动的预兆，则预示着大规模地压事故即将发生，此时附近区域作业人员面临极大安全风险。因此，存在本款情形即判定为重大事故隐患。

（十九）巷道或者采场顶板未按设计采取支护措施。

解读

在不稳固岩层中掘进或回采作业时，如果不及时支护，则可能引发冒顶、片帮或坍塌，不仅可能导致井巷和采场损坏，还极有可能造成人员伤亡。因此，当巷道或者采场顶板的支护型式、参数、材料性能等劣于设计要求时，即判定为重大事故隐患。

（二十）矿井未采用机械通风，或者采用机械通风的矿井存在下列情形之一的：

1. 在正常生产情况下，主通风机未连续运转；

☞ 解读

《金属非金属矿山安全规程》第 6.6.2.1 条规定：地下矿山应采用机械通风。第 6.6.3.1 条规定：正常生产情况下主通风机应连续运转，满足井下生产所需风量。

自然通风风量较小，风流、风量随季节和地表温度变化较大，甚至会出现通风停止的情况；另外，井下发生火灾时，自然通风无法实现反风。正常生产期间如果主通风机停止作业，作业面产生的大量粉尘和炮烟将无法顺利排出地表；对于高温矿井，主通风机停止运行还会导致井下环境温度短时间内急速升高，可能造成重大人员伤亡。因此，存在本款情形即判定为重大事故隐患。

2. 主通风机发生故障或者停机检查时，未立即向调度室和企业主要负责人报告，或者未采取必要安全措施；

☞ 解读

《金属非金属矿山安全规程》第 6.6.3.1 条规定：当主通风机发生故障或需要停机检查时，应立即向调度室和矿山企业主要负责人报告，并采取必要措施。

主通风机作为井下通风的主要设备，一旦出现故障或停机检查，则井下的风量和风流会出现较大的变动。因此，主通风机发生故障时应立即向调度室和企业主要负责人报告，以便及时采取调整井下作业安排、尽快组织维修或采取撤离采场作业人员等安全措施，避免发生炮烟中毒事故。否则，即判定为重大事故隐患。

3. 主通风机未按规定配备备用电动机，或者未配备能迅速调换电动机的设备及工具；

解读

《金属非金属矿山安全规程》第6.6.3.2条规定：每台主通风机电机均应有备用，并能迅速更换。同一个硐室或风机房内使用多台同型号电机时，可以只备用1台。

通风系统对于井下作业人员的安全至关重要，主通风机的备用电动机可以在主通风机电动机发生故障时尽快更换，保证井下通风安全。当同一个硐室或风机房内使用多台同型号电动机时，可以只备用1台。备用电动机可放置在风机硐室或风机房内，也可放置在地表仓库或井下某个硐室中。迅速更换的设备可以是风机硐室或风机房内安装的固定起吊设施，也可以是可移动的起吊设施。如果备用电动机不在风机硐室或风机房内，还应配备运输工具，并设有可满足电动机运输要求的通道。否则，即判定为重大事故隐患。

4. 作业工作面风速、风量、风质不符合国家标准或者行业标准要求；

> **解读**
>
> 工作面的风速、风量和风质达不到规定的要求时，井下人员的安全健康得不到有效保障，发生人员中毒窒息事故的概率就会增大；特别是当井下温度较高、风速达不到规定要求时，还易引发井下作业人员中暑。《金属非金属地下矿山通风技术规范 通风系统鉴定指标》（AQ 2013.5—2008）第4.1.1条、第4.1.2条、第4.1.3条规定：风量（风速）合格率≥65%，风质合格率≥90%，作业环境空气质量合格率≥60%。当工作面的风速、风量、风质达不到上述要求时，即判定为重大事故隐患。

5. 未设置通风系统在线监测系统的矿井，未按国家标准规定每年对通风系统进行1次检测；

> **解读**
>
> 《金属非金属矿山安全规程》第6.6.2.1条规定：未设置在线监测系统的矿山每年应对通风系统进行1次检测，并根据检测结果及时调整通风系统。
>
> 地下矿山生产采场的位置会不断发生变化，导致井下通风系统也在动态变化。为保证通风系统的有效性，必须及时根据生产系统变化调整通风系统。未设置通风系统在线监测系统的生产矿井，未按国家标准规定每年对通风系统进行1次检测的，即判定为重大事故隐患。

6. 主通风设施不能在 10 分钟之内实现矿井反风，或者反风试验周期超过 1 年。

> **解读**
>
> 《金属非金属矿山安全规程》第 6.6.3.3 条规定：主通风设施应能使矿井风流在 10 min 内反向，反风量不小于正常运转时风量的 60%。每年应至少进行 1 次反风试验，并测定主要风路的风量。
>
> 当井下发生火灾时，如果发生火灾的地点位于进风侧，为避免污风进入有人作业的工作场所造成人员伤亡，此时采用主通风机反风，将烟雾从进风侧排出地表，是这类火灾最佳的处置方法。10 分钟（从主通风机控制人员接到反风指令时开始计时）内必须完成反向，否则容易导致事态扩大。通风系统是一个动态变化的系统，长期不进行反风试验，反风时则难以达到效果。因此，存在本款情形即判定为重大事故隐患。

（二十一）未配齐或者随身携带具有矿用产品安全标志的便携式气体检测报警仪和自救器，或者从业人员不能正确使用自救器。

> **解读**
>
> 《金属非金属矿山安全规程》第 6.1.4.9 条规定：进入采掘工作面的每个班组都应携带气体检测仪，随时监测有毒有害气体。第 8.3 条规定：矿山应为入井人员配备额定防护时间不少于 30 min 的隔绝式自救器，入井人员应随身携带。自救器的

数量不少于矿山全天入井总人数的 1.1 倍。

便携式气体检测仪应能同时检测二氧化氮、一氧化碳、氧气浓度，并具有报警参数设置、报警功能和矿用产品安全标志。此外，使用中还应按照相关标准定期检定或校准，确保检测数据准确可靠。自救器必须满足 30 分钟的额定防护时间。否则，即判定为重大事故隐患。

（二十二）担负提升人员的提升系统，存在下列情形之一的：

1. 提升机、防坠器、钢丝绳、连接装置、提升容器未按国家规定进行定期检测检验，或者提升设备的安全保护装置失效；

解读

《金属非金属矿山安全规程》第 4.7.5 条规定：矿山使用的涉及人身安全的设备应由专业生产单位生产，并经具有专业资质的检测、检验机构检测、检验合格，方可投入使用；矿山生产期间，应定期由具有专业资质的检测、检验机构进行检测、检验，并出具检测、检验报告。

人员提升系统的主要提升设备设施直接涉及人身安全，一旦发生事故，则会造成严重后果。因此，人员提升系统的提升设备（多绳摩擦式提升机、缠绕式提升机、提升绞车、矿用电梯）、防坠器、钢丝绳、连接装置（矿用人车、罐笼连接装置）、提升容器（斜井人车、罐笼）均应按照《金属非金属矿山安全规程》和《金属非金属矿山在用设备设施安全检测检验目录》（AQ/T 2075—2019）的相关规定进行定期检测检验。

提升设备的安全保护装置可实现对提升设备的位置、速度、载荷等提供监测保护和联锁控制，提升设备的主要安全保护装置包括提升机制动系统、过卷保护装置、过速保护装置、罐笼防坠装置、提升机启动与信号闭锁、斜井人车断绳保险器等。提升系统发生故障时，提升设备的安全保护装置可有效保护人员和提升设备设施的安全；如果安全保护装置出现故障或失效，可能引发严重后果。

本判定标准所称的国家规定、国家有关规定，是指有关法律、行政法规、部门规章、国家标准、行业标准，以及国务院及其应急管理部门、国家矿山安全监察机构依法制定的行政规范性文件。

综上所述，存在本款情形即判定为重大事故隐患。

2. 竖井井口和井下各中段马头门设置的安全门或者摇台与提升机未实现联锁；

解读

《金属非金属矿山安全规程》第6.4.8.13条规定：提升系统应设摇台工作状态的联锁；井口及各中段安全门未关闭的联锁。

井口和井下各中段马头门设置安全门、摇台与提升机联锁是提升机安全运行的保障，缺少相关联锁保护，则会引发安全事故。当罐笼到达井口或某个中段提升机停止，提升机电控系统锁住提升机，解除对井口或中段井口机械化设备控制系统的联锁，安全门、摇台才可动作。井口机械化设备按设定顺序完成工作复位后，电控系统锁住各中段的井口机械化设备，然后才允许提升机工作。安全门应采用常闭式，当罐笼未停稳时，安全门不得打开。实现联锁可避免提升机工作时人员误入。因此，存在本款情形即判定为重大事故隐患。

3. 竖井提升系统过卷段未按国家规定设置过卷缓冲装置、楔形罐道、过卷挡梁或者不能正常使用，或者提升人员的罐笼提升系统未按国家规定在井架或者井塔的过卷段内设置罐笼防坠装置；

解读

《金属非金属矿山安全规程》第6.4.4.15条规定：过卷段终端应设置过卷挡梁；发生过卷事故后过卷挡梁应能正常使用。第6.4.4.16条规定：竖井提升系统过卷段应设过卷缓冲装置或者楔形罐道，使过卷容器能够平稳地在过卷段内停住；深度大于800 m的竖井应设过卷缓冲装置，使过卷容器在缓冲装置内平稳停住，并不再反向下滑或反弹。第6.4.4.17条规定：提升人员的罐笼提升系统应在井架或者井塔的过卷段内设置罐笼防坠装置，使罐笼下坠高度不超过0.5 m。

竖井提升系统分别在井塔（或者井架内）和竖井井底设置过卷段。当竖井提升系统提升容器发生过卷时，过卷段内设置的过卷缓冲装置或楔形罐道用于缓冲、制动提升容器，保护人员和设备设施，防止对提升系统产生更大破坏。对于深度在

800米以内的竖井，过卷段内可以设置过卷缓冲装置或楔形罐道，二者任选其一；对于深度大于800米的竖井必须设置过卷缓冲装置，并能有效发挥缓冲制动作用。同时，过卷段的上下终端应设置过卷挡梁来承受过卷提升容器冲击载荷，过卷挡梁应能发挥正常阻挡作用。

提升人员的罐笼提升系统涉及人员安全，为防止罐笼发生断绳事故，提升人员的罐笼提升系统应设置罐笼防坠装置：对于单绳提升罐笼防坠，应在罐笼上设置断绳防坠器（木罐道防坠器、制动绳防坠器）；对于多绳提升罐笼防坠，应在井架或者井塔的过卷段内设置罐笼防坠装置，可以采用带有防坠功能的过卷缓冲装置来实现，也可以采用其他方式来实现罐笼防坠。

综上所述，存在本款情形即判定为重大事故隐患。

4. 斜井串车提升系统未按国家规定设置常闭式防跑车装置、阻车器、挡车栏，或者连接链、连接插销不符合国家规定；

解读

《金属非金属矿山安全规程》第6.4.1.4条规定：车辆的连接装置不得自行脱钩。第6.4.2.7条规定：斜井串车提升系统应设常闭式防跑车装置。第6.4.2.8条规定：斜井各水平车场应设阻车器或挡车栏。

常闭式防跑车装置正常是关闭状态，接收到车辆通行信号时可打开让车辆通过，设置的目的是斜井提升断绳、脱钩出现跑车时，可以捕捉住矿车，避免矿车飞车掉入斜井底。井口和各中段水平设置的阻车器或挡车栏，可在车辆通过时打开，通过后关闭，设置的目的是防止井口和各水平的车辆自行滑入斜井造成跑车事故。连接链、连接插销是串车之间连接的装置，应采用不能自行脱钩的连接装置，避免在提升过程中出现矿车自行脱钩。因此，存在本款情形即判定为重大事故隐患。

5. 斜井提升信号系统与提升机之间未实现闭锁。

☞ 解读

《金属非金属矿山安全规程》第6.4.8.12条规定，提升装置的机电控制系统应符合下列要求：提升机与信号系统之间应实现闭锁，无工作执行信号不能开车；未经提升管理部门批准不得解除闭锁和安全制动。

提升信号系统与提升机之间实现闭锁是提升机运行前的安全管理与确认，可保证提升机是在有提升要求、允许提升机工作的前提下运行。避免在斜井井下各水平人员上下串车期间，提升机启动造成人员伤亡事故。因此，存在本款情形即判定为重大事故隐患。

（二十三）井下无轨运人车辆存在下列情形之一的：

1. 未取得金属非金属矿山矿用产品安全标志；

☞ 解读

《金属非金属地下矿山无轨运人车辆安全技术要求》（AQ 2070—2019）第4.1.9条规定：无轨运人车辆应根据国家有关

规定取得矿用产品安全标志,安全标志标识应施加在产品明显位置。

井下无轨运人车辆每天负担井下作业人员的运输任务,运输中会持续长时间上坡或下坡,如其性能不符合要求,将会引起重大事故。因此,存在本款情形即判定为重大事故隐患。

2. 载人数量超过25人或者超过核载人数;

☞解读

《金属非金属矿山安全规程》第6.3.4.3条规定:采用无轨设备运输,通过斜坡道运输人员时,应采用井下专用运人车,每辆车乘员数量不超过25人。

井下运人车辆乘员数量不得超过车辆的核载人数,且最多不超过25人,该数量是包括司机在内的总人数。存在本款情形即判定为重大事故隐患。

3. 制动系统采用干式制动器,或者未同时配备行车制动系统、驻车制动系统和应急制动系统;

☞解读

《金属非金属矿山安全规程》第6.3.4.2条规定:用于运输人员、油料的无轨设备应采用湿式制动器;井下专用运人车应有行车制动系统、驻车制动系统和应急制动系统。

干式制动器制动时,制动器的闸瓦和制动盘直接接触,在车辆连续下坡时,连续制动造成制动闸瓦过热,制动器容易失灵引发事故。行车制动是在行车时实行制动；驻车制动是在停车时阻止车辆溜车；应急制动是指车辆在行驶中遇到紧急情况时，在最短距离内将车停住。存在本款情形即判定为重大事故隐患。

4. 未按国家规定对车辆进行检测检验。

☞ 解读

《金属非金属地下矿山无轨运人车辆安全技术要求》第6.1条规定：无轨运人车辆的检验分型式检验、出厂检验和定期检验。型式检验由安全生产检测检验机构进行；出厂检验由无轨运人车辆的制造厂家进行；定期检验由用户或安全生产检测检验机构进行，定期检验的周期为1年。

井下无轨运人车辆运行环境和工况较为恶劣，为保证车辆的性能，必须严格按照相关要求进行检测检验，否则即判定为重大事故隐患。

（二十四）一级负荷未采用双重电源供电，或者双重电源中的任一电源不能满足全部一级负荷需要。

☞ 解读

《金属非金属矿山安全规程》第6.7.1.1条规定：人员提升系统、矿井主要排水系统的负荷应作为一级负荷，由双重电源供电，任一电源的容量应至少满足矿山全部一级负荷电力需求。

"双重电源"是指为同一用户负荷供电的两回供电线路，两回供电线路可以分别来自两个不同变电站，或来自不同电源进线的同一变电站内的两段母线。一重电源为自备电源，另一重来自电网，也视为双重电源。

一级负荷涉及人员安全，停电可能造成淹井和人员不能快速升井，因此一级负荷应采用双重电源进行供电（斜井人员提升系统的负荷不视为一级负荷）。如果任何一路电源不能满足全部一级负荷的需求，则可判定为无法满足一级负荷的供电安全。因此，存在本条情形即判定为重大事故隐患。

（二十五）向井下采场供电的 6 kV～35 kV 系统的中性点采用直接接地。

解读

《金属非金属矿山安全规程》第 6.7.1.6 条规定：向井下采场供电的 6 kV～35 kV 系统中性点不得采用直接接地系统。

6 kV～35 kV 系统中性点如采用直接接地，则其接地发生故障时电流较大，对设备造成的损害较严重；倘若人接近故障点，则会对生命产生严重威胁。因此，存在本条情形即判定为重大事故隐患。

（二十六）工程地质或者水文地质类型复杂的矿山，井巷工程施工未进行施工组织设计，或者未按施工组织设计落实安全措施。

> **解读**
>
> 《金属非金属矿山安全规程》第6.2.1.1条规定：井巷工程施工应按施工组织设计进行。第6.2.1.2条规定：井巷工程穿过软岩、流砂、淤泥、砂砾、破碎带、老窿、溶洞或较大含水层等不良地层时，施工前应制定专门的施工安全技术措施。
>
> 施工组织设计应由施工单位编制。工程地质和水文地质条件复杂的矿山，在掘进施工中容易出现塌方、片帮、冒顶、水害等问题，如果没有施工组织设计或未落实相应的安全措施，则施工中易发生安全事故。因此，存在本条情形即判定为重大事故隐患。

（二十七）新建、改扩建矿山建设项目有下列行为之一的：

1. 安全设施设计未经批准，或者批准后出现重大变更未经再次批准擅自组织施工；

> **解读**
>
> 《国家矿山安全监察局关于印发〈关于加强非煤矿山安全生产工作的指导意见〉的通知》第（二）条规定：非煤矿山企业在建设、生产期间发生《金属非金属矿山建设项目安全设施设计重大变更范围》规定的重大变更，原则上应当由原设计单位进行变更设计，报原审批部门批准后方可施工。
>
> "安全设施设计"是针对矿山工程安全设施的整体设计，是矿山建设项目安全设施"三同时"的重要文件和依据。如果擅自动工，可能会导致安全设施不到位，降低矿山整体的安全程度。安全设施设计出现重大变更时，会导致重要的安全设

施发生较大变化，如不重新设计和审查，同样会导致矿山安全程度下降。因此，存在本款情形即判定为重大事故隐患。

2. 在竣工验收前组织生产，经批准的联合试运转除外。

解读

《金属非金属矿山安全规程》第4.6.5条规定：矿山建设项目的安全设施应该在项目正式投产前进行验收。

安全设施验收是确定安全设施建设符合《安全设施设计》的重要环节。建设单位应当严格按照《国家安全监管总局关于规范金属非金属矿山建设项目安全设施竣工验收工作的通知》（安监总管一〔2016〕14号）要求，组织开展安全设施竣工验收。存在本款情形的，即判定为重大事故隐患。需要指出的是，本款中联合试运转的时间最长不得超过180天。

（二十八）矿山企业违反国家有关工程项目发包规定，有下列行为之一的：

1. 将工程项目发包给不具有法定资质和条件的单位，或者承包单位数量超过国家规定的数量；

解读

《非煤矿山外包工程安全管理暂行办法》（原国家安全监管总局令第62号）第七条规定：发包单位应当审查承包单位的非煤矿山安全生产许可证和相应资质，不得将外包工程发包给不具备安全生产许可证和相应资质的承包单位。《国家矿山安全监察局关于印发〈关于加强金属非金属地下矿山外包工程安全管理的若干规定〉的通知》(矿安〔2021〕55号)第三条规定：对井下采矿、掘进工程进行发包的，除爆破承包单位外，大中型矿山承包单位不得超过2家、小型矿山承包单位不得超过1家。

矿山工程施工过程作业风险高，承包单位若不具备法定资质和条件，其技术和管理水平与承担的工程难度不匹配，容易发生事故。承包单位过多，工作相互影响大，难以统一协调管理，也容易引发事故。因此，存在本款情形即判定为重大事故隐患。

2. 承包单位项目部的负责人、安全生产管理人员、专业技术人员、特种作业人员不符合国家规定的数量、条件或者不属于承包单位正式职工。

解读

《国家矿山安全监察局关于印发〈关于加强非煤矿山安全生产工作的指导意见〉的通知》第（十九）条规定：金属非金属地下矿山采掘施工承包单位项目部应当依法设立安全管理机构或者配备专职安全生产管理人员，专职安全生产管理人员数量按不少于从业人数的百分之一配备且不少于3人；配备具有采矿、地质、测量、机电等矿山相关专业的专职技术人员，每个专业至少配备1人。项目部负责人和专职技术人员应当具有矿山相关专业中专及以上学历或者中级及以上技术职称。项目部管理人员、技术人员、特种作业人员必须是项目部上级法人单位的正式职工，不得使用劳务派遣人员、临时人员。

矿山行业属于高危行业，承包相关工程的单位应具有一定的技术和管理的力量保障，否则容易漏管失控，导致生产安全事故。因此，存在本款情形即判定为重大事故隐患。需要指出的是，本款要求的相关人员均应为专职人员。

（二十九）井下或者井口动火作业未按国家规定落实审批制度或者安全措施。

解读

《国务院安委会办公室关于加强矿山安全生产工作的紧急通知》（安委办〔2021〕3号）第一条规定：矿山企业使用电、气焊等进行切割、焊接动火作业时，必须制定专门安全措施并严格按规定履行审批程序，严禁不具备资质条件的电焊（气割）工入井动火作业；在井口和井筒内动火作业时，必须撤出井下所有作业人员；在主要进风巷动火作业时，必须撤出回风侧所有人员。

《金属非金属矿山安全规程》第6.9.1.19条规定：矿山应建立动火制度，在井下和井口建筑物内进行焊接等明火作业，应制定防火措施，经矿山企业主要负责人批准后方可动火。在井筒内进行焊接时应派专人监护；在作业部位的下方应设置收集焊渣的设施；焊接完毕应严格检查清理。

矿山焊接产生的火花温度很高，容易引燃周边或下部的可燃材料，如木材、油料（油脂）、胶带（橡胶）、轮胎、可燃气体、钢丝绳上的油脂等，导致重大火灾事故。因此，存在本条情形即判定为重大事故隐患。

（三十）矿山年产量超过矿山设计年生产能力幅度在20%及以上，或者月产量大于矿山设计年生产能力的20%及以上。

☞ 解读

《金属非金属地下矿山企业领导带班下井及监督检查暂行规定》（原国家安全监管总局令第34号）第十条规定，矿山企业领导带班下井时，应当履行下列职责：及时发现和组织消除事故隐患和险情，及时制止违章违纪行为，严禁违章指挥，严禁超能力组织生产。

假设一座矿山设计生产能力为100万吨/年，如果年产量达到或超过120万吨（即100万吨×120%），月产量达到或超过20万吨（即100万吨×20%），即判定为重大事故隐患。

（三十一）矿井未建立安全监测监控系统、人员定位系统、通信联络系统，或者已经建立的系统不符合国家有关规定，或者系统运行不正常未及时修复，或者关闭、破坏该系统，或者篡改、隐瞒、销毁其相关数据、信息。

☞ 解读

《金属非金属矿山安全规程》第6.7.7.2条规定：地下矿山应建立有线调度通信系统。第6.7.7.3条规定：大中型地下矿山应建立监测监控系统,监控网络应当通过网络安全设备与其他网络互通互联。《国家矿山安全监察局关于印发〈关于加强非煤矿山安全生产工作的指导意见〉的通知》第(五)条第5款规定:金属非金属地下矿山在基建过程中应同步建立监测监控、人员定位、通信联络系统。开采深度800米及以上的金属非金属地下矿山,应当建立在线地压监测系统。

监测监控、人员定位、通信联络系统对于保证井下人员安全和发生事故后开展救援工作均至关重要。矿山应按照《金属非金属地下矿山监测监控系统建设规范》(AQ 2031—2011)、《金属非金属地下矿山人员定位系统建设规范》(AQ 2032—2011)和《金属非金属地下矿山通信联络系统建设规范》(AQ 2036—2011)进行相应建设,以满足矿山安全生产的要求。

《中华人民共和国安全生产法》第三十六条规定:生产经营单位不得关闭、破坏直接关系生产安全的监控、报警、防护、救生设备、设施,或者篡改、隐瞒、销毁其相关数据、信息。

综上所述,存在本条情形即判定为重大事故隐患。

(三十二)未配备具有矿山相关专业的专职矿长、总工程师以及分管安全、生产、机电的副矿长,或者未配备具有采矿、地质、测量、机电等专业的技术人员。

☞ 解读

《国家矿山安全监察局关于印发〈关于加强非煤矿山安全生产工作的指导意见〉的通知》第(十一)条规定:金属非金

属地下矿山每个独立生产系统应当配备专职的矿长、总工程师和分管安全、生产、机电的副矿长，以上人员应当具有采矿、地质、矿建（井建）、通风、测量、机电、安全等矿山相关专业大专及以上学历或者中级及以上技术职称。金属非金属地下矿山应当设立技术管理机构，建立健全技术管理制度，配备具有采矿、地质、测量、机电等矿山相关专业中专及以上学历或者中级及以上技术职称的专职技术人员，每个专业至少配备1人。需要指出的是，如果一家非煤矿山企业有多个独立生产系统，则每个独立生产系统均需要配备"五职"矿长和专业技术人员。

地下矿山安全风险高，事故易发多发，"五职"矿长和专业技术人员是矿山安全生产的最基本保障。因此，存在本条情形即判定为重大事故隐患。

二、金属非金属露天矿山重大事故隐患解读

（一）地下开采转露天开采前，未探明采空区和溶洞，或者未按设计处理对露天开采安全有威胁的采空区和溶洞。

☞ 解读

《金属非金属矿山安全规程》第5.1.3条规定：地下开采转为露天开采时，应确定全部地下工程和矿柱的位置并绘制在矿山平、剖面对照图上；开采前应处理对露天开采安全有威胁的地下工程和采空区，不能处理的，应采取安全措施并在开采过程中处理。

地下开采转为露天开采，原有地下开采形成的井巷、硐室、采空区以及岩溶发育地区形成的地下溶洞对露天开采安全均有较大影响，未探明采空区和溶洞的规模与分布情况即开展露天开采活动，容易造成人员和设备坠入采空区、溶洞，以及发生坍塌事故，因此地下开采转露天开采前，应首先探明矿区范围内及邻近区域的采空区和溶洞。进行设计时应明确处理采空区、溶洞的方式、方法和时间。矿山企业在露天开采前应按照设计要求对采空区、溶洞进行处理。

地下开采转露天开采前，未探明许可开采范围内及邻近区域的采空区和溶洞，或者开采前未按设计的方法或方式处理对露天开采安全有威胁的采空区和溶洞，即判定为重大事故隐患。

（二）使用国家明令禁止使用的设备、材料或者工艺。

解读

国家明令禁止使用的设备、材料和工艺包括《国家安全监管总局关于发布金属非金属矿山禁止使用的设备及工艺目录（第一批）的通知》《国家安全监管总局关于发布金属非金属矿山禁止使用的设备及工艺目录（第二批）的通知》，以及国家标准、行业标准和应急管理部、国家矿山安全监察局制定的行政规范性文件明确金属非金属露天矿山严禁使用的设备、材料或者工艺。存在本条情形的，即判定为重大事故隐患。

（三）未采用自上而下的开采顺序分台阶或者分层开采。

> **解读**
>
> 《金属非金属矿山安全规程》第5.2.1.1条规定：露天开采应遵循自上而下的开采顺序，分台阶开采。
>
> 露天开采采用底部掏采会形成"伞檐"，极易发生边坡垮塌事故，因此露天开采应严格遵循自上而下的开采顺序。
>
> 分台阶或分层开采，一方面可以允许多个工作面同时作业，提高开采效率；另一方面可以改善设备设施的作业条件，使之有一个较为宽敞的作业平台，防止高处坠落事故。此外，分台阶或分层开采形成的台阶可以承接上部采场边坡滑落的部分浮石，有利于保障开采作业安全，防止滚石伤人、砸毁设备。分台阶或者分层开采有利于采场边坡稳定，降低边坡大范围滑坡风险。
>
> 小型露天采石场未采用自上而下开采顺序，未分台阶开采，或者未分层开采的，即判定为重大事故隐患。小型露天采石场以外的其他露天矿山未采用自上而下开采顺序，或者未分台阶开采的，即判定为重大事故隐患。

（四）工作帮坡角大于设计工作帮坡角，或者最终边坡台阶高度超过设计高度。

> **解读**
>
> 根据《非煤矿山采矿术语标准》（GB/T 51339—2018），"工作帮坡角"是指由若干个工作台阶组成进行采剥作业的露天采场工作帮最上台阶坡底线和最下台阶坡底线所构成的假想

坡面与水平面的夹角,如图2-1所示。工作帮坡角大于设计值时会降低露天矿山采矿或剥离作业过程中工作台阶或边坡的稳定性,减小作业平台的宽度会降低台阶生产作业安全性,容易导致台阶或边坡滑坡甚至坍塌事故,造成重大人员伤亡和财产损失。

"最终边坡台阶高度"是指露天矿山已形成最终边坡的台阶高度或并段后的台阶高度,如图2-1所示。最终边坡台阶高度超过设计高度会降低台阶或最终边坡的稳定性,严重威胁露天采场内作业人员和设备的安全。因此,存在本条情形即判定为重大事故隐患。

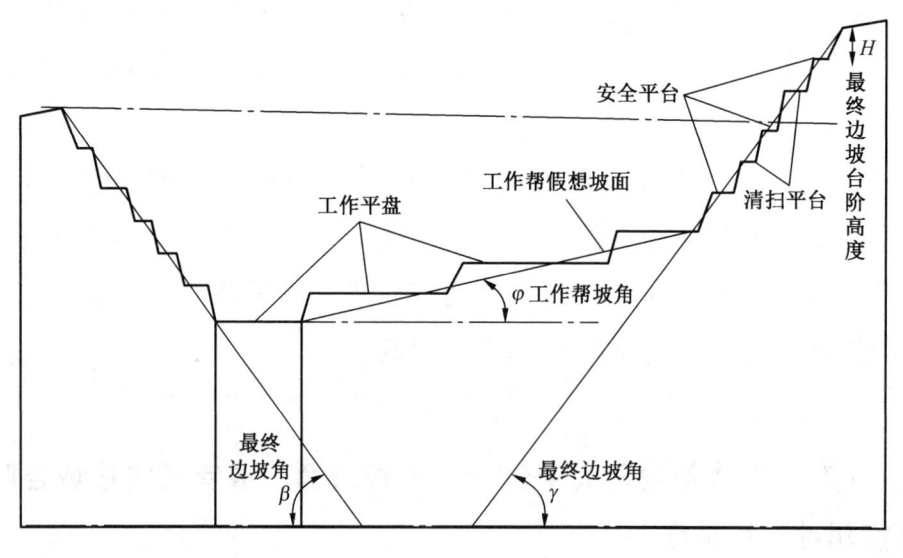

图2-1 露天采场工作帮坡角、最终边坡台阶高度示意图

(五)开采或者破坏设计要求保留的矿(岩)柱或者挂帮矿体。

> **解读**
>
> 《金属非金属矿山安全规程》第 5.1.7 条规定：设计规定保留的矿柱、岩柱、挂帮矿体，在规定的期限内，未经技术论证，不应开采或破坏。
>
> 设计保留的矿柱、岩柱、挂帮矿体，是为了预防矿山各种工程地质和水文地质灾害，保护露天边坡、建构筑物和工业场地安全，防止地表移动和下沉，确保矿山开采安全而留设的。任意开采或破坏矿柱、岩柱、挂帮矿体，极易引发大面积滑坡和塌陷事故，影响露天边坡、建构筑物和工业场地的安全，甚至造成重大人员伤亡。因此，存在本条情形即判定为重大事故隐患。

（六）未按有关国家标准或者行业标准对采场边坡、排土场边坡进行稳定性分析。

> **解读**
>
> 《金属非金属矿山安全规程》第 5.2.4.5 条规定：矿山应建立健全边坡安全管理和检查制度。每 5 年至少进行 1 次边坡稳定性分析。
>
> 采场边坡、排土场边坡稳定性是生产过程中不可忽视的问题，一旦采场边坡、排土场边坡稳定性达不到要求，容易导致边坡垮塌、滑坡等事故发生，造成人员伤亡。因此，存在本条情形即判定为重大事故隐患。

（七）边坡存在下列情形之一的：

1. 高度 200 米及以上的采场边坡未进行在线监测；

2. 高度 200 米及以上的排土场边坡未建立边坡稳定监测系统；

3. 关闭、破坏监测系统或者隐瞒、篡改、销毁其相关数据、信息。

> **解读**
>
> 《金属非金属矿山安全规程》第 5.2.4.6 条规定：高度超过 200 m 的露天边坡应进行在线监测，对承受水压的边坡应进行水压监测。第 5.5.3.2 条规定：矿山企业应建立排土场边坡稳定监测制度，边坡高度超过 200 m 的，应设边坡稳定监测系统，防止发生泥石流和滑坡。
>
> 高度 200 米及以上的露天矿山采场边坡或排土场边坡可参照《非煤露天矿边坡工程技术规范》（GB 51016—2014）和《金属非金属露天矿山高陡边坡安全监测技术规范》（AQ/T 2063—2018）进行监测系统设计和建设。如设计中对高度超过 200 米及以上的采场边坡或排土场边坡进行了监测系统设计，则应依据设计建设安装监测系统。
>
> 露天矿山采场边坡和排土场边坡的主要危险是边坡出现变形、滑移、滑坡和坍塌等。边坡高度 200 米及以上的采场边坡和排土场边坡一旦发生滑坡或坍塌事故，极易造成重大人员伤亡和财产损失，因此必须加强监测以防止事故发生。
>
> 此外，《中华人民共和国安全生产法》第三十六条规定：生产经营单位不得关闭、破坏直接关系生产安全的监控、报警、防护、救生设备、设施，或者篡改、隐瞒、销毁其相关数

据、信息。

因此，露天矿山采场边坡或排土场边坡存在本条情形之一的即判定为重大事故隐患。

（八）边坡出现滑移现象，存在下列情形之一的：

1. 边坡出现横向及纵向放射状裂缝；

2. 坡体前缘坡脚处出现上隆（凸起）现象，后缘的裂缝急剧扩展；

3. 位移观测资料显示的水平位移量或者垂直位移量出现加速变化的趋势。

解读

边坡滑坡事故往往造成人员伤亡，设备损毁，生产系统破坏。不同类型、不同性质、不同特点的露天边坡滑坡，在滑动之前，均会表现出不同的异常（滑移）现象，显示出滑坡预兆（前兆），边坡是否存在滑移现象可通过现场检查边坡形态或相关数据来加以确定。

边坡出现横向及纵向放射状裂缝，坡体前缘出现上隆（凸起），后缘裂缝急剧扩展时，边坡出现明显受力变形，极易导致大范围垮塌或滑坡事故发生。边坡监测的位移数据出现加速变化，说明边坡正在发生变形加速，如果不尽快采取相应措施，当边坡累计位移量过大时，极易发生边坡滑坡或垮塌事故。

因此，存在本条任一情形的，即判定为重大事故隐患。

（九）运输道路坡度大于设计坡度10%以上。

> **解读**
>
> 根据《非煤矿山采矿术语标准》，露天矿山运输道路是指用以运送矿石、岩石、人员、设备、材料等的道路，也称运输线路。露天矿山运输道路主要包括露天采场内的运输生产干线、支线和联络线等。露天矿山运输道路是矿山生产的重要设施，车辆行驶频繁密集，在设计中一般以行驶安全、稳定为主，综合考虑了车辆型号、坡长等因素。增大运输道路坡度将给车辆的安全行驶带来重大安全风险，极易发生车辆失控、碰撞等事故。当露天矿山运输道路坡度（最大纵坡或平均纵坡）大于设计坡度10%以上时，将严重影响汽车行驶安全，容易诱发车辆伤害等事故。因此，存在本条情形即判定为重大事故隐患。

（十）凹陷露天矿山未按设计建设防洪、排洪设施。

> **解读**
>
> 《金属非金属矿山安全规程》第5.7.1.4条规定：凹陷露天坑应设机械排水或自流排水设施。
>
> 防洪、排洪设施主要包括：截水沟、拦河护堤、泄水井巷或钻孔、集水坑（水仓）、排水设备及管网系统等。
>
> 凹陷露天矿山由于泄水条件较差，在遭遇强降雨等极端天气时，防洪、排洪设施不完善可能导致露天采坑被淹没，严重威胁露天矿山人员、设备和边坡安全。因此，存在本条情形即判定为重大事故隐患。

(十一)排土场存在下列情形之一的:

1. 在平均坡度大于 1∶5 的地基上顺坡排土,未按设计采取安全措施;

2. 排土场总堆置高度 2 倍范围以内有人员密集场所,未按设计采取安全措施;

3. 山坡排土场周围未按设计修筑截、排水设施。

解读

"顺坡排土"是指顺着坡向自上而下进行排土作业。每个台阶堆置过程中边坡高度较大,排土作业过程中边坡稳定性就相对较差,特别是在平均坡度 1∶5 的地基上顺坡排土会进一步降低排土作业过程中排土场边坡的稳定性,容易引发排土场边坡滑坡等事故,因此必须采取合理的压坡角等安全措施,确保排土场堆排作业过程中边坡稳定。

《有色金属矿山排土场设计标准》(GB 50421—2018)第 5.0.2 条和《冶金矿山排土场设计规范》(GB 51119—2015)第 5.4.1 条均规定:居住区、村镇、工业场地等的最小安全距离为大于等于排土场设计最终堆置高度的 2 倍。因此,排土场总堆置高度 2 倍范围以内不应有居住区、村镇、工业场地等人员密集场所;否则,应按照设计采取相应的防护措施等。

水是造成排土场水土流失、滑坡和泥石流的因素。依山而建的山坡型排土场易受到山体汇水的直接冲刷,山体汇水严重威胁排土场稳定性,需要采取在排土场靠山一侧修建截水沟或挡水堤,或者在平台与山坡的交界处设置排水沟等措施。为此,《金属非金属矿山安全规程》第 5.5.1.7 条规定:山坡排土场周围应修筑可靠的截、排水设施。

综上所述，排土场存在以上三种情形之一的即判定为重大事故隐患。

（十二）露天采场未按设计设置安全平台和清扫平台。

☞ 解读

根据《非煤矿山采矿术语标准》，"安全平台"是指在边坡上为保持帮坡稳定和阻挡塌落物而设置的平台。"清扫平台"是指在边坡上为清除塌落物而设置的平台。露天矿山在生产作业过程中，边坡上的浮石滑落经常发生，安全平台能够有效缓冲和阻截滑落的浮石，同时还可减小最终帮坡角，保证最终边坡的稳定性和下部水平的作业安全。清扫平台主要用于矿山企业采取人工或机械等方式进行台阶清扫维护，同时又起着安全平台的作用。

《金属非金属矿山安全规程》第5.2.1.4条规定：露天采场应设安全平台和清扫平台。未按设计要求设置安全平台和清扫平台包括平台设置的位置和宽度等参数劣于设计要求，边坡浮石和台阶落石不能有效阻截和清理，易导致物体打击等事故发生，同时安全平台数量和宽度不足将会影响帮坡稳定性，易发生滑坡甚至坍塌事故，造成重大人员伤亡和设备财产损失。

综上所述，存在本条情形即判定为重大事故隐患。

（十三）擅自对在用排土场进行回采作业。

> **解读**
>
> 排土场作为集中堆放矿山建设和生产过程中产生的腐殖表土和岩石等的场所，堆置的排土体孔隙率大，相对较为松散，擅自对在用排土场进行挖掘、回采矿石或石材等作业，将会破坏排土场整体稳定性，极易导致排土场边坡滑坡甚至引发排土场整体滑移垮塌等事故。同时，也会对排土场的正常作业造成干扰和破坏。
>
> 因此，未经设计和安全技术论证，擅自对在用排土场进行回采作业的，即判定为重大事故隐患。

三、尾矿库重大事故隐患解读

（一）库区或者尾矿坝上存在未按设计进行开采、挖掘、爆破等危及尾矿库安全的活动。

> **解读**
>
> "库区"是指设计最终状态时坝顶标高水平面与尾矿坝体外坡面以下、库底面以上所围成的空间区域（不含坝体区域）。
>
> 在尾矿库库区或者尾矿坝上未经设计单位设计进行开采、挖掘、爆破等活动，可能对尾矿库的安全产生影响，特别是对排洪系统和坝体安全产生重大影响，容易导致排洪系统淤堵或损毁、坝体失稳等后果，造成人员伤亡事故。
>
> 《尾矿库安全规程》（GB 39496—2020）第 6.8.1 条规定：尾矿坝上和尾矿库区内不得建设与尾矿库运行无关的建、构筑

物。第6.8.2条规定：尾矿坝上和对尾矿库产生安全影响的区域不得进行乱采、滥挖和非法爆破等违规作业。据此，"未按设计"应从以下几个方面进行判断：

（1）没有设计，进行乱采、滥挖和非法爆破等违规作业。

（2）虽然有设计，但是开展的活动与保障尾矿库安全运行无关。

（3）涉及设计重大变更的，未获得原审批部门批准。

只要存在其中一个方面的问题，即判定为重大事故隐患。需要指出的是，按照经批准的设计，开展与尾矿库运行相关的坝体加高、排洪设施、回水设施等建构筑物施工，而进行的开采、挖掘、爆破等活动，不属于重大事故隐患。

（二）坝体存在下列情形之一的：

1. 坝体出现严重的管涌、流土变形等现象；
2. 坝体出现贯穿性裂缝、坍塌、滑动迹象；
3. 坝体出现大面积纵向裂缝，且出现较大范围渗透水高位出逸或者大面积沼泽化。

解读

"管涌"是指在渗流作用下，土体中的细土粒在粗土粒中形成的孔隙通道中发生移动并被带走的现象，主要发生在砂砾土中。"流土变形"是指在渗流作用下局部土体表面隆起，或土粒群同时移动而流失的现象，主要发生在地基或土坝下游渗流溢出处。"纵向裂缝"是指大体上平行于坝轴线方向的裂缝。

《尾矿库安全规程》第 6.9.2 条把"坝体出现大面积纵向裂缝,且出现较大范围渗透水高位出逸,出现大面积沼泽化"列为重大事故隐患;第 6.9.3 条把"坝体出现严重的管涌、流土等现象的""坝体出现严重裂缝、坍塌和滑动迹象的"这两种情形列为重大险情。重大险情可以看作是重大事故隐患中最严重的一种情况,虽然未发生事故,但情况更危急,生产经营单位必须立即停产,启动应急预案,进行抢险。抢险结束后,还要按照重大事故隐患的相关规定进行处理。

尾矿坝坝体存在以上三种情形中的任意一种,都可能造成坝体失稳,因此均判定为重大事故隐患。

(三)坝体的平均外坡比或者堆积子坝的外坡比陡于设计坡比。

解读

"外坡比"指的是尾矿坝的垂直高度与水平宽度的比值。坝体的平均外坡比是对尾矿堆积坝坝体外坡整体坡度的评价指标,堆积子坝的外坡比是对上游式尾矿筑坝法子坝外坡坡度的评价指标。外坡比通常用 1∶a 表示,如 1∶3.0,堆积坝坝体平均外坡比按图 3-1 计算,堆积子坝外坡比按图 3-2 计算,$a=L/H$,a 值越小表示边坡越陡,通常在判断的时候 a 精确到小数点后 1 位即可。

坝体的平均外坡比和堆积子坝的外坡比都是根据尾矿物理力学参数计算坝体渗流稳定和抗滑稳定获得的,由设计确定。坝外坡坡比一旦变小,坝体渗流和抗滑稳定性就会降低,可能

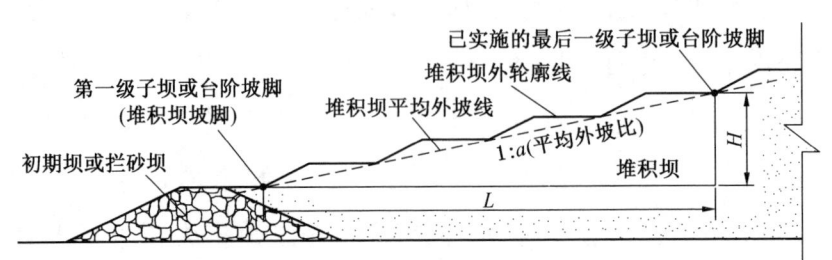

图 3-1 堆积坝坝体平均外坡比计算示意图

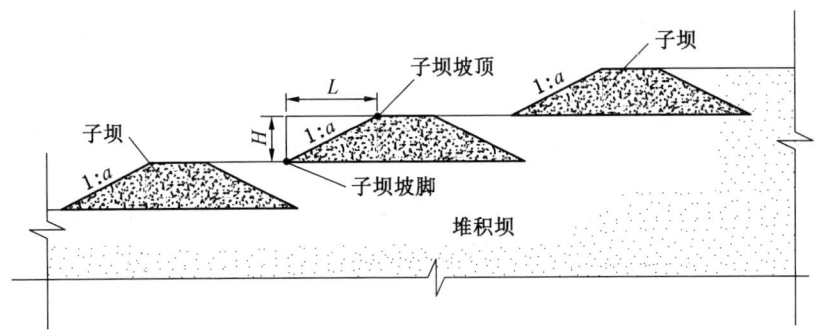

图 3-2 堆积子坝外坡比计算示意图

导致渗流破坏或坝体失稳进而发生溃坝。所以，当坝体的平均外坡比或者任一堆积子坝的外坡比有一项陡于设计坡比，即判定为重大事故隐患。

《尾矿库安全规程》第 6.9.2 条把"坝外坡坡比陡于设计坡比"列为重大事故隐患，"坝体的平均外坡比或者堆积子坝的外坡比陡于设计坡比"，是对该规定的进一步明确。

（四）坝体高度超过设计总坝高，或者尾矿库超过设计库容贮存尾矿。

> **解读**
>
> "设计总坝高"是指设计最终状态时的坝高。"设计库容"是指设计最终状态时的总库容。"坝体高度"不包括为保证坝体安全预留的沉陷余量，预留的沉陷余量部分不得用来排放尾矿。
>
> 坝体高度超过设计总坝高，或者尾矿库超过设计库容贮存尾矿时，尾矿库的安全性是无法保证的，严重时可能造成尾矿坝失稳，从而导致溃坝事故。因此，存在本条情形即判定为重大事故隐患。
>
> 《尾矿库安全规程》第6.9.2条把"坝体超过设计坝高，或者超设计库容贮存尾矿"列为重大事故隐患，"坝体高度超过设计总坝高，或者尾矿库超过设计库容贮存尾矿"，是对该规定的进一步明确。

（五）尾矿堆积坝上升速率大于设计堆积上升速率。

> **解读**
>
> "尾矿堆积坝"是指生产过程中用尾矿堆积而成的坝。上升速率以单位时间上升高度来度量，可以采用"米/年"或"米/月"为单位，工程上一般采用"米/年"为单位，具体判断时以设计给出的单位为准。
>
> 饱和砂土材料会随着时间增加逐渐排水固结，其强度指标也会逐渐增长。采用尾矿筑坝的尾矿坝坝体上升速度过快，容

易造成坝体尾矿材料无法充分固结,尾矿的物理力学性能无法达到设计值,从而降低坝体稳定性,增大渗流破坏的概率,严重时会导致溃坝。同时,上升速率过快本质上是超设计量排放尾矿造成的,《尾矿库安全规程》第6.9.2条把"尾矿库堆积坝上升速率大于设计堆积上升速率"列为重大事故隐患。因此,存在本条情形即判定为重大事故隐患。

(六)采用尾矿堆坝的尾矿库,未按《尾矿库安全规程》(GB 39496—2020)第6.1.9条规定对尾矿坝做全面的安全性复核。

解读

《尾矿库安全规程》第6.1.9条规定:采用尾矿堆坝的尾矿库,应在运行期对尾矿坝做全面的安全性复核,以验证最终坝体的稳定性和确定后期的处理措施;尾矿坝安全性复核前应对尾矿坝进行全面的岩土工程勘察,安全性复核工作应由设计单位根据勘察结果完成。安全性复核应满足下列原则:

——三等及三等以下的尾矿库在尾矿坝堆至1/2~2/3最终设计总坝高,一等及二等尾矿库在尾矿坝堆至1/3~1/2和1/2~2/3最终设计总坝高时,应分别对坝体做全面的安全性复核;

——尾矿库达到一等库后,坝高每增高20 m应对坝体进行全面的安全性复核;

——尾矿性质、放矿方式与设计相差较大时,应对尾矿坝体进行全面的安全性复核。

安全性复核涉及的勘察、设计单位的资质要求应根据尾矿库等别按《尾矿库安全监督管理规定》(原国家安全监管总局令第38号)相关规定确定。

在实际工作中,应从以下五个方面进行判断:

(1) 是否在规定时期内完成了安全性复核工作。

(2) 是否进行了岩土工程勘察。

(3) 安全性复核工作是否由满足能力的设计单位完成。

(4) 勘察、设计单位的资质是否满足要求。

(5) 内容和结论是否与实际严重不符。

上述五个方面只要有一方面不满足要求,即判定为重大事故隐患。

(七)浸润线埋深小于控制浸润线埋深。

解读

"浸润线"是指坝体渗流水自由表面的位置,在横剖面上为一条曲线。"临界浸润线"是指坝体抗滑稳定安全系数能满足《尾矿库安全规程》最低要求时的坝体浸润线。"控制浸润线"是指既满足临界浸润线要求,又满足尾矿堆积坝下游坡最小埋深浸润线要求的坝体最高浸润线。"浸润线""临界浸润线"或者"控制浸润线"都是由一系列的点构成的,这些点距离坝体表面的垂直距离即为埋深。

控制浸润线不是实际存在的浸润线,一般由设计单位通过各种计算并结合尾矿堆积坝下游坡最小埋深浸润线要求综合给出，尾矿坝各运行阶段、各运行条件、各剖面的控制浸润线埋深及同一剖面各位置控制浸润线埋深要分别给出。需要指出的是，由于历史原因，有些尾矿库设计单位并未在原始设计文件中给出控制浸润线，对于此种情况，生产经营单位应该要求或委托设计单位专门给出尾矿坝各运行期、各剖面的控制浸润线埋深。浸润线、控制浸润线及埋深示意如图3-3所示。

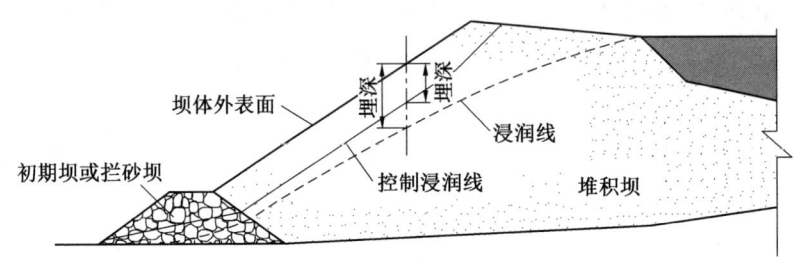

图3-3 浸润线、控制浸润线及埋深示意图

尾矿库的浸润线为尾矿库的"生命线"，浸润线的埋深与尾矿库的稳定性直接相关。当浸润线埋深小于控制浸润线埋深时，尾矿库的渗流稳定性和抗滑安全系数均小于设计值，易造成坝体失稳，从而导致溃坝。

《尾矿库安全规程》第5.3.15条规定：尾矿坝应满足渗流控制的要求，尾矿坝的渗流控制措施应确保浸润线低于控制浸润线。因此，当浸润线某一点埋深小于控制浸润线埋深即判定为重大事故隐患。

（八）汛前未按国家有关规定对尾矿库进行调洪演算，或者

湿式尾矿库防洪高度和干滩长度小于设计值，或者干式尾矿库防洪高度和防洪宽度小于设计值。

> **解读**
>
> 《尾矿库安全规程》第6.4.2条规定：生产经营单位每年汛前应委托设计单位根据尾矿库实测地形图、水位和尾矿沉积滩面实际情况进行调洪演算，复核尾矿库防洪能力，确定汛期尾矿库的运行水位、干滩长度、安全超高等安全运行控制参数。如果生产经营单位汛前未按上述规定对尾矿库进行调洪演算，就无法在汛期对库水位进行有效控制与防洪，在汛期就有可能出现洪水漫顶溃坝风险。
>
> 调洪演算设计单位的资质要求应根据尾矿库等别按《尾矿库安全监督管理规定》相关要求确定。在实际工作中，应从以下三个方面进行判断：
>
> （1）调洪演算是否是在当年汛前完成的。
>
> （2）是否由有相应资质的设计单位完成的。
>
> （3）内容和结论是否与实际严重不符。
>
> 上述三个方面只要有一方面不满足要求，即判定为重大事故隐患。
>
> 需要指出的是，当上一年度调洪演算完成后，尾矿库未再进行排尾作业且尾矿库水位未升高、尾矿沉积滩面实际情况未发生变化时，本年度可以继续使用上一年度调洪演算结果，不再重新进行调洪演算。
>
> 设计给定的湿式尾矿库防洪高度和干滩长度，或者干式尾矿库防洪高度和防洪宽度，是为确保坝体稳定和尾矿库防洪安

全，经调洪演算后确定的。湿式尾矿库防洪高度和干滩长度同时小于设计值，或者干式尾矿库防洪高度和防洪宽度同时小于设计值，均有可能造成渗流破坏甚至溃坝，也有可能导致调洪库容不足引发洪水漫顶而溃坝。因此，存在本条情形即判定为重大事故隐患。

（九）排洪系统存在下列情形之一的：

1. 排水井、排水斜槽、排水管、排水隧洞、拱板、盖板等排洪建构筑物混凝土厚度、强度或者型式不满足设计要求；

解读

排水井、排水斜槽、排水管、排水隧洞、拱板、盖板等排洪建构筑物属于地下排洪构筑物，一旦出现问题，将可能导致重大事故。其混凝土厚度、强度或者型式是由设计单位通过结构和水力计算选择和确定的，如不满足设计要求，其结构安全和排水能力则无法保证。

需要指出的是，排洪构筑物混凝土质量检测需要专业检测机构完成，生产经营单位无法自行完成，所以本款要求应从以下两个方面进行判断：

（1）是否按国家有关要求完成了相应的质量检测。

（2）质量检测结果是否符合设计。

如有一方面不满足要求，即判定为重大事故隐患。

2. 排洪设施部分堵塞或者坍塌、排水井有所倾斜，排水能力有所降低，达不到设计要求；

> **解读**
>
> 排洪设施包括库内排洪设施、库外排洪设施及用于截洪的截洪沟。《尾矿库安全规程》第6.9.2条把"排洪设施部分堵塞或坍塌、排水井有所倾斜,排水能力有所降低,达不到设计要求"列为重大事故隐患。
>
> 需要指出的是,在做具体判断时,应根据排洪设施的最大泄水量和其工作状态综合判断:
>
> (1) 当排洪设施出现最大泄水量,且处于有压流工作状态,排洪设施只要出现堵塞或坍塌、排水井有所倾斜问题,即判定为重大事故隐患。
>
> (2) 当排洪设施出现最大泄水量,且处于无压流工作状态,排洪设施出现堵塞或者坍塌、排水井有所倾斜问题,影响进水口进水或者局部出现有压流状态,即判定为重大事故隐患。

3. 排洪构筑物终止使用时,封堵措施不满足设计要求。

> **解读**
>
> 排洪构筑物终止使用时所采取的封堵措施是由设计单位根据排洪系统所在具体位置的工程地质条件、水文地质条件、排洪系统的结构状况、与相邻构筑物之间的关系及尾矿库运行后期荷载等条件综合分析计算确定的,实施的封堵措施如不满足设计要求,在尾矿库后期运行过程中,随着荷载的增加,极有可能造成封堵措施的破坏,进而造成大量尾矿的下泄。因此,存在本款情形即判定为重大事故隐患。

需要指出的是，在判断封堵措施是否满足设计要求时，除了要对封堵结构进行复核外，还要对封堵位置进行复核，如果封堵位置不满足设计要求，也是重大事故隐患。

（十）设计以外的尾矿、废料或者废水进库。

☞解读

不同的尾矿物理性质不一样，设计以外的尾矿、废料和废水进库后，不但造成尾矿沉积规律发生变化，抗剪强度、渗透系数等也随之改变，易形成软弱夹层，坝体渗流稳定和抗滑稳定无法得到保障。同时由于超设计规模排放，尾矿库内水位上升较快，安全超高、干滩长度等尾矿库各项安全控制参数难以得到保证，堆积坝上升速率也可能大于设计速率。

《尾矿库安全监督管理规定》第十八条规定：对生产运行的尾矿库，未经技术论证和安全生产监督管理部门的批准，任何单位和个人不得对"设计以外的尾矿、废料或者废水进库等"事项进行变更。因此，存在本条情形即判定为重大事故隐患。

需要指出的是，在实践中应注意以下两种情况：

(1)"设计以外的尾矿"不仅是指原设计选矿厂之外的其他选矿厂的尾矿，也包括原设计选矿厂由于规模扩大而增加的尾矿。选矿厂在正常生产中一般存在生产波动，通常在15%左右，由于生产波动造成的短时间内入库尾矿量的变化不属于设计以外的尾矿。

（2）库区内建设与尾矿库运行相关的建构筑物而产生的弃土不属于设计以外的废料，但设计单位应给出弃土的堆存位置和堆存要求。

（十一）多种矿石性质不同的尾砂混合排放时，未按设计进行排放。

解读

多种矿石性质不同的尾砂混合排放时，设计会给定混合比例、不同矿石尾砂的排放方式（坝前排放、周边排放、库尾排放）、排放浓度。未按设计排放可能造成尾矿沉积规律发生变化，抗剪强度、渗透系数等也将随之改变。同时，易形成软弱夹层，坝体稳定无法得到保障，易发生溃坝事故。另外，不按设计规定的排放方式放矿，极有可能影响尾矿库调洪库容，进而对尾矿库防洪安全造成威胁。

《尾矿库安全规程》第6.9.2条将"多种矿石性质不同的尾砂混合排放时，未按设计要求进行排放"列为重大事故隐患。

因此，存在本条情形即判定为重大事故隐患。

（十二）冬季未按设计要求的冰下放矿方式进行放矿作业。

解读

我国东北、华北、西北及青藏高原等严寒地区的尾矿库，设计单位会根据尾矿库类别、筑坝型式及生产计划确定冬季放矿方式。当设计单位要求采用冬季冰下放矿时，生产经营单位在冬季未按照设计要求的冰下放矿方式进行放矿作业，易引起浸润线抬升或出逸、坝体出现融陷、尾矿强度参数迅速降低等问题，进而影响尾矿坝坝体安全。因此，《尾矿库安全规程》第6.9.2条把"冬季未按照设计要求采用冰下放矿作业"列为重大事故隐患。"冬季未按照设计要求的冰下放矿方式进行放矿作业"是对该规定的进一步明确。

（十三）安全监测系统存在下列情形之一的：

1. 未按设计设置安全监测系统；

解读

《尾矿库安全规程》第5.5.1条规定：尾矿库应设置人工安全监测和在线安全监测相结合的安全监测设施。

设计单位需给出安全监测系统整体设置要求及分期实施的要求，生产经营单位应按设计要求及时设置安全监测系统，否则无法有效对尾矿库的安全状况进行监控。所以"未按设计设置安全监测系统"属于重大事故隐患。

需要指出的是，在实际工作中应从以下四个方面进行判断：

（1）是否设计了安全监测系统。

（2）是否设置了人工安全监测设施。

（3）是否设置了在线安全监测设施。

（4）安全监测系统各监测项是否按设计设置。

以上四个方面只要有一个方面不满足要求，即判定为重大事故隐患。

2. 安全监测系统运行不正常未及时修复；

解读

《尾矿库安全规程》第6.7.8条规定：尾矿库在线安全监测系统应全天候连续正常运行。系统出现故障时，应尽快排除，故障排除时间不得超过7 d。

安全监测系统运行不正常未及时修复，安全监测系统将无法发挥应有的功能，相关人员就无法及时有效地掌握尾矿库的安全状况。因此，存在本款情形即判定为重大事故隐患。

3. 关闭、破坏安全监测系统，或者篡改、隐瞒、销毁其相关数据、信息。

解读

《中华人民共和国安全生产法》第三十六条规定：生产经营单位不得关闭、破坏直接关系生产安全的监控、报警、防护、救生设备、设施，或者篡改、隐瞒、销毁其相关数据、信息。

对尾矿库来讲，以上行为会导致相关人员无法掌握尾矿库真实安全状况，大量数据、信息无法追溯，为尾矿库安全管理留下重大隐患。因此，存在本款情形即判定为重大事故隐患。

(十四) 干式尾矿库存在下列情形之一的:

1. 入库尾矿的含水率大于设计值,无法进行正常碾压且未设置可靠的防范措施;

2. 堆存推进方向与设计不一致;

3. 分层厚度或者台阶高度大于设计值;

4. 未按设计要求进行碾压。

> **解读**
>
> 《尾矿库安全规程》第6.9.2条把"干式堆存尾矿的含水量大,实行干式堆存比较困难,且没有设置可靠的防范措施"列为重大事故隐患。"入库尾矿的含水率大于设计值,无法进行正常碾压且未设置可靠的防范措施",是对该规定的进一步明确。
>
> 干式尾矿库根据尾矿排放推进方向和筑坝方式分为库前式尾矿排矿筑坝法、库周式尾矿排矿筑坝法、库中式尾矿排矿筑坝法、库尾式尾矿排矿筑坝法。设计单位是根据所选用的筑坝方法来确定堆存推进方向的,同时排洪设施也是根据堆存推进方向进行布置的,而"堆存推进方向与设计不一致"将严重影响坝体安全及尾矿库防洪安全,所以被列为重大事故隐患。
>
> "分层厚度或者台阶高度大于设计值"既严重影响坝坡安全,又会导致尾矿碾压后压实度难以达到设计要求,所以被列为重大事故隐患。
>
> 设计单位会针对影响坝体稳定区域和其他区域分别给出压实要求及压实指标,"未按设计要求进行碾压"将无法保证坝体安全,所以列为重大事故隐患。

干式尾矿库存在上述四种情形之一的，即判定为重大事故隐患。

（十五）经验算，坝体抗滑稳定最小安全系数小于国家标准规定值的 0.98 倍。

> **解读**
>
> 尾矿坝坝体的安全性主要由坝坡抗滑稳定的安全系数来衡量，《尾矿库安全规程》第 5.3.16 条分别给出了各级别尾矿坝在正常运行、洪水运行及特殊运行条件下坝坡抗滑稳定的最小安全系数。尾矿库在开展安全现状评价、安全性复核等工作时，均要对尾矿坝进行稳定性计算，给出各计算剖面、各运行条件的坝坡抗滑稳定安全系数，并按尾矿坝级别与《尾矿库安全规程》第 5.3.16 条相应规定值进行对比，如果任一剖面、任一运行条件下坝体抗滑稳定安全系数小于国家标准规定最小安全系数的 0.98 倍，即判定为重大事故隐患。

（十六）三等及以上尾矿库及"头顶库"未按设计设置通往坝顶、排洪系统附近的应急道路，或者应急道路无法满足应急抢险时通行和运送应急物资的需求。

> **解读**
>
> 应急救援是尾矿库安全生产的最后一道防线，而配置充足的应急设施是应急救援的重要保障，也是及时有效开展应急救援的基础。应急救援一般需要相应人员、物资装备及应急道路，

其中应急道路是应急救援的生命线。

《尾矿库安全规程》第 6.1.10 条规定：尾矿库应设置通往坝顶、排洪系统附近的应急道路，应急道路应满足应急抢险时通行和运送应急物资的需求，应避开产生安全事故可能影响区域且不应设置在尾矿坝外坡上。

考虑到三等及以上尾矿库及"头顶库"安全风险更大，所以把三等及以上尾矿库及"头顶库"存在本条情形即判定为重大事故隐患。

需要指出的是，在实践中应注意以下两种情况：

（1）对于平地型尾矿库，采用四面筑坝，尾矿库各个方向均有坝体，坝顶与周边区域没有连接，上坝道路必须经过尾矿坝外坡才能到达坝顶。由于各个方向的坝体同时发生事故的概率非常小，所以对于平地型尾矿库、建设多个尾矿坝的尾矿库，"不应设置在尾矿坝外坡上"是指应急道路不能设置在自己方位或自己坝体的外坡上，但必要时可设置在其他方位或其他尾矿坝的坝体上。以某平地型尾矿库为例，其某一方位坝体的应急道路可设置在其他方位坝体上，通过分别在不同方位坝体上设置两条以上上坝道路解决所有方位坝体应急道路的问题。

（2）大部分尾矿库排洪系统包含多座排水井，还有可能包含多座拦洪坝，这些重要设施附近均需要设置应急道路。对于通往各个排水井的应急道路，可以根据使用时间分期设置，只要保证在用排水井附近有应急道路即可。

（十七）尾矿库回采存在下列情形之一的：

1. 未经批准擅自回采；

2. 回采方式、顺序、单层开采高度、台阶坡面角不符合设计要求；

3. 同时进行回采和排放。

解读

《尾矿库安全监督管理规定》第二十七条规定：回采安全设施设计应当报安全生产监督管理部门审查批准。据此，未经批准擅自回采即判定为重大事故隐患。

《尾矿库安全监督管理规定》第二十七条规定：生产经营单位应当按照回采设计实施尾矿回采。回采设计内容主要包括回采方式、回采顺序、单层开采高度和台阶坡面角等要素。回采方式包括干式回采、湿式回采、干式和湿式联合回采，回采顺序为"由内到外，先库后坝，从上至下，单层开采"，回采方式或者回采顺序与设计要求不符合时即为重大事故隐患。当实际的单层开采高度大于设计值时，临时边坡变高，由于尾砂属于散粒体，通常固结效果不佳，边坡的抗滑稳定性下降，可能导致局部边坡失稳，对人员及设备造成安全威胁。当实际台阶坡面角陡于设计值时，台阶坡面的抗滑稳定性降低，可能引起坡面失稳。因此，单层开采高度或者台阶坡面角不符合设计要求，即判定为重大事故隐患。

《尾矿库安全规程》第7.2条规定：同一座尾矿库内不得同时进行尾矿的回采和排放。尾矿的回采和排放的安全管理要求是不同的，同一座尾矿库内同时进行尾矿的回采和排放，无法保证尾矿库的安全运行，所以尾矿库"同时进行回采和排放"即判定为重大事故隐患。此处"同时进行回采和排放"不仅指同一时间点上进行回采和排放，更主要的是指在安全设施设计回采周期内既回采又排放。

因此，尾矿库回采存在本条所述三种情形之一的，即判定为重大事故隐患。

（十八）用以贮存独立选矿厂进行矿石选别后排出尾矿的场所，未按尾矿库实施安全管理的。

☞ 解读

《尾矿设施设计规范》（GB 50863—2013）第1.0.3条规定：选矿厂必须有尾矿设施，严禁任意排放尾矿。独立选矿厂进行矿石选别后排出的尾矿，应该采用建设贮存场所的方式进行尾矿处置，对相应的贮存场所也应该严格按照尾矿库相关法律、法规及标准的要求实施安全管理；否则，即判定为重大事故隐患。

（十九）未按国家规定配备专职安全生产管理人员、专业技术人员和特种作业人员。

☞ 解读

《国家矿山安全监察局关于印发〈关于加强非煤矿山安全生产工作的指导意见〉的通知》第（十一）条规定：尾矿库应当配备水利、土木或者选矿（矿物加工）等尾矿库相关专业中专及以上学历或者中级及以上技术职称的专职技术人员，其中三等及以上尾矿库专职技术人员应当不少于2人，四等、五等尾矿库专职技术人员应当不少于1人。

针对尾矿库的安全运行，应急管理部、国家矿山安全监察局和地方各级人民政府出台了大量行政规范性文件，《尾矿库安全规程》等标准规范从管理和技术层面也作出规定，同时设计文件从技术层面也会给出详细要求。生产经营单位只有为尾矿库配备足够的专职安全生产管理人员、专业技术人员和特种作业人员，才能保证这些政策规定及要求得到有效执行和落实，进而保障尾矿库安全运行。因此，存在本条情形即判定为重大事故隐患。

附录一

国家矿山安全监察局关于印发《金属非金属矿山重大事故隐患判定标准》的通知

矿安〔2022〕88号

各省、自治区、直辖市应急管理厅（局），新疆生产建设兵团应急管理局，国家矿山安全监察局各省级局，有关中央企业：

《金属非金属矿山重大事故隐患判定标准》已经国家矿山安全监察局2022年第14次局务会议审议通过，现印发给你们，请遵照执行。

本规定自2022年9月1日起施行。经应急管理部同意，原国家安全监管总局印发的《金属非金属矿山重大生产安全事故隐患判定标准（试行）》(安监总管一〔2017〕98号）同时废止。

国家矿山安全监察局
2022年7月8日

金属非金属矿山重大事故隐患
判 定 标 准

一、金属非金属地下矿山重大事故隐患

（一）安全出口存在下列情形之一的：

1. 矿井直达地面的独立安全出口少于 2 个，或者与设计不一致；

2. 矿井只有两个独立直达地面的安全出口且安全出口的间距小于 30 米，或者矿体一翼走向长度超过 1000 米且未在此翼设置安全出口；

3. 矿井的全部安全出口均为竖井且竖井内均未设置梯子间，或者作为主要安全出口的罐笼提升井只有 1 套提升系统且未设梯子间；

4. 主要生产中段（水平）、单个采区、盘区或者矿块的安全出口少于 2 个，或者未与通往地面的安全出口相通；

5. 安全出口出现堵塞或者其梯子、踏步等设施不能正常使用，导致安全出口不畅通。

（二）使用国家明令禁止使用的设备、材料或者工艺。

（三）不同矿权主体的相邻矿山井巷相互贯通，或者同一矿权主体相邻独立生产系统的井巷擅自贯通。

（四）地下矿山现状图纸存在下列情形之一的：

1. 未保存《金属非金属矿山安全规程》（GB 16423—2020）第 4.1.10 条规定的图纸，或者生产矿山每 3 个月、基建矿山每 1 个月未更新上述图纸；

2. 岩体移动范围内的地面建构筑物、运输道路及沟谷河流与实际不符；

3. 开拓工程和采准工程的井巷或者井下采区与实际不符；

4. 相邻矿山采区位置关系与实际不符；

5. 采空区和废弃井巷的位置、处理方式、现状，以及地表塌陷区的位置与实际不符。

（五）露天转地下开采存在下列情形之一的：

1. 未按设计采取防排水措施；

2. 露天与地下联合开采时，回采顺序与设计不符；

3. 未按设计采取留设安全顶柱或者岩石垫层等防护措施。

（六）矿区及其附近的地表水或者大气降水危及井下安全时，未按设计采取防治水措施。

（七）井下主要排水系统存在下列情形之一的：

1. 排水泵数量少于3台，或者工作水泵、备用水泵的额定排水能力低于设计要求；

2. 井巷中未按设计设置工作和备用排水管路，或者排水管路与水泵未有效连接；

3. 井下最低中段的主水泵房通往中段巷道的出口未装设防水门，或者另外一个出口未高于水泵房地面7米以上；

4. 利用采空区或者其他废弃巷道作为水仓。

（八）井口标高未达到当地历史最高洪水位1米以上，且未按设计采取相应防护措施。

（九）水文地质类型为中等或者复杂的矿井，存在下列情形之一的：

1. 未配备防治水专业技术人员；

2. 未设置防治水机构，或者未建立探放水队伍；

3. 未配齐专用探放水设备，或者未按设计进行探放水作业。

（十）水文地质类型复杂的矿山存在下列情形之一的：

1. 关键巷道防水门设置与设计不符；

2. 主要排水系统的水仓与水泵房之间的隔墙或者配水阀未按设计设置。

（十一）在突水威胁区域或者可疑区域进行采掘作业，存在下列情形之一的：

1. 未编制防治水技术方案，或者未在施工前制定专门的施工安全技术措施；

2. 未超前探放水，或者超前钻孔的数量、深度低于设计要求，或者超前钻孔方位不符合设计要求。

（十二）受地表水倒灌威胁的矿井在强降雨天气或者其来水上游发生洪水期间，未实施停产撤人。

（十三）有自然发火危险的矿山，存在下列情形之一的：

1. 未安装井下环境监测系统，实现自动监测与报警；

2. 未按设计或者国家标准、行业标准采取防灭火措施；

3. 发现自然发火预兆，未采取有效处理措施。

（十四）相邻矿山开采岩体移动范围存在交叉重叠等相互影响时，未按设计留设保安矿（岩）柱或者采取其他措施。

（十五）地表设施设置存在下列情形之一，未按设计采取有效安全措施的：

1. 岩体移动范围内存在居民村庄或者重要设备设施；

2. 主要开拓工程出入口易受地表滑坡、滚石、泥石流等地质灾害影响。

（十六）保安矿（岩）柱或者采场矿柱存在下列情形之一的：

1. 未按设计留设矿（岩）柱；

2. 未按设计回采矿柱；

3. 擅自开采、损毁矿（岩）柱。

（十七）未按设计要求的处理方式或者时间对采空区进行处理。

（十八）工程地质类型复杂、有严重地压活动的矿山存在下列情形之一的：

1. 未设置专门机构、配备专门人员负责地压防治工作；

2. 未制定防治地压灾害的专门技术措施；

3. 发现大面积地压活动预兆，未立即停止作业、撤出人员。

（十九）巷道或者采场顶板未按设计采取支护措施。

（二十）矿井未采用机械通风，或者采用机械通风的矿井存在下列情形之一的：

1. 在正常生产情况下，主通风机未连续运转；

2. 主通风机发生故障或者停机检查时，未立即向调度室和企业主要负责人报告，或者未采取必要安全措施；

3. 主通风机未按规定配备备用电动机，或者未配备能迅速调换电动机的设备及工具；

4. 作业工作面风速、风量、风质不符合国家标准或者行业标准要求；

5. 未设置通风系统在线监测系统的矿井，未按国家标准规定每年对通风系统进行1次检测；

6. 主通风设施不能在10分钟之内实现矿井反风，或者反风试验周期超过1年。

（二十一）未配齐或者随身携带具有矿用产品安全标志的便携式气体检测报警仪和自救器，或者从业人员不能正确使用自救器。

（二十二）担负提升人员的提升系统，存在下列情形之一的：

1. 提升机、防坠器、钢丝绳、连接装置、提升容器未按国家规定进行定期检测检验，或者提升设备的安全保护装置失效；

2. 竖井井口和井下各中段马头门设置的安全门或者摇台与提升机未实现联锁；

3. 竖井提升系统过卷段未按国家规定设置过卷缓冲装置、楔形罐道、过卷挡梁或者不能正常使用，或者提升人员的罐笼提升系统未按国家规定在井架或者井塔的过卷段内设置罐笼防坠装置；

4. 斜井串车提升系统未按国家规定设置常闭式防跑车装置、阻车器、挡车栏，或者连接链、连接插销不符合国家规定；

5. 斜井提升信号系统与提升机之间未实现闭锁。

（二十三）井下无轨运人车辆存在下列情形之一的：

1. 未取得金属非金属矿山矿用产品安全标志；

2. 载人数量超过25人或者超过核载人数；

3. 制动系统采用干式制动器，或者未同时配备行车制动系统、驻车制动系统和应急制动系统；

4. 未按国家规定对车辆进行检测检验。

（二十四）一级负荷未采用双重电源供电，或者双重电源中的任一电源不能满足全部一级负荷需要。

（二十五）向井下采场供电的 6 kV ~ 35 kV 系统的中性点采用直接接地。

（二十六）工程地质或者水文地质类型复杂的矿山，井巷工程施工未进行施工组织设计，或者未按施工组织设计落实安全措施。

（二十七）新建、改扩建矿山建设项目有下列行为之一的：

1. 安全设施设计未经批准，或者批准后出现重大变更未经再次批准擅自组织施工；

2. 在竣工验收前组织生产，经批准的联合试运转除外。

（二十八）矿山企业违反国家有关工程项目发包规定，有下列行为之一的：

1. 将工程项目发包给不具有法定资质和条件的单位，或者承包单位数量超过国家规定的数量；

2. 承包单位项目部的负责人、安全生产管理人员、专业技术人员、特种作业人员不符合国家规定的数量、条件或者不属于承包单位正式职工。

（二十九）井下或者井口动火作业未按国家规定落实审批制度或者安全措施。

（三十）矿山年产量超过矿山设计年生产能力幅度在20%及以上，或者月产量大于矿山设计年生产能力的 **20%** 及以上。

（三十一）矿井未建立安全监测监控系统、人员定位系统、通信联络系统，或者已经建立的系统不符合国家有关规定，或者系统运行不正常未及时修复，或者关闭、破坏该系统，或者篡改、隐瞒、销毁其相关数据、信息。

（三十二）未配备具有矿山相关专业的专职矿长、总工程师以及分管安全、生产、机电的副矿长，或者未配备具有采矿、地质、测量、机电等专业的技术人员。

二、金属非金属露天矿山重大事故隐患

（一）地下开采转露天开采前，未探明采空区和溶洞，或者未按设计处理对露天开采安全有威胁的采空区和溶洞。

（二）使用国家明令禁止使用的设备、材料或者工艺。

（三）未采用自上而下的开采顺序分台阶或者分层开采。

（四）工作帮坡角大于设计工作帮坡角，或者最终边坡台阶高度超过设计高度。

（五）开采或者破坏设计要求保留的矿（岩）柱或者挂帮矿体。

（六）未按有关国家标准或者行业标准对采场边坡、排土场边坡进行稳定性分析。

（七）边坡存在下列情形之一的：

1. 高度 200 米及以上的采场边坡未进行在线监测；
2. 高度 200 米及以上的排土场边坡未建立边坡稳定监测系统；
3. 关闭、破坏监测系统或者隐瞒、篡改、销毁其相关数据、信息。

（八）边坡出现滑移现象，存在下列情形之一的：

1. 边坡出现横向及纵向放射状裂缝；
2. 坡体前缘坡脚处出现上隆（凸起）现象，后缘的裂缝急剧扩展；
3. 位移观测资料显示的水平位移量或者垂直位移量出现加速变化的趋势。

（九）运输道路坡度大于设计坡度 **10%** 以上。

（十）凹陷露天矿山未按设计建设防洪、排洪设施。

（十一）排土场存在下列情形之一的：

1. 在平均坡度大于 1∶5 的地基上顺坡排土，未按设计采取安全措施；
2. 排土场总堆置高度 2 倍范围以内有人员密集场所，未按设计采取安全措施；

3. 山坡排土场周围未按设计修筑截、排水设施。

（十二）露天采场未按设计设置安全平台和清扫平台。

（十三）擅自对在用排土场进行回采作业。

三、尾矿库重大事故隐患

（一）库区或者尾矿坝上存在未按设计进行开采、挖掘、爆破等危及尾矿库安全的活动。

（二）坝体存在下列情形之一的：

1. 坝体出现严重的管涌、流土变形等现象；

2. 坝体出现贯穿性裂缝、坍塌、滑动迹象；

3. 坝体出现大面积纵向裂缝，且出现较大范围渗透水高位出逸或者大面积沼泽化。

（三）坝体的平均外坡比或者堆积子坝的外坡比陡于设计坡比。

（四）坝体高度超过设计总坝高，或者尾矿库超过设计库容贮存尾矿。

（五）尾矿堆积坝上升速率大于设计堆积上升速率。

（六）采用尾矿堆坝的尾矿库，未按《尾矿库安全规程》（GB 39496—2020）第 6.1.9 条规定对尾矿坝做全面的安全性复核。

（七）浸润线埋深小于控制浸润线埋深。

（八）汛前未按国家有关规定对尾矿库进行调洪演算，或者湿式尾矿库防洪高度和干滩长度小于设计值，或者干式尾矿库防洪高度和防洪宽度小于设计值。

（九）排洪系统存在下列情形之一的：

1. 排水井、排水斜槽、排水管、排水隧洞、拱板、盖板等排洪建构筑物混凝土厚度、强度或者型式不满足设计要求；

2. 排洪设施部分堵塞或者坍塌、排水井有所倾斜，排水能力有所降低，达不到设计要求；

3. 排洪构筑物终止使用时，封堵措施不满足设计要求。

（十）设计以外的尾矿、废料或者废水进库。

（十一）多种矿石性质不同的尾砂混合排放时，未按设计进行排放。

（十二）冬季未按设计要求的冰下放矿方式进行放矿作业。

（十三）安全监测系统存在下列情形之一的：

1. 未按设计设置安全监测系统；

2. 安全监测系统运行不正常未及时修复；

3. 关闭、破坏安全监测系统,或者篡改、隐瞒、销毁其相关数据、信息。

(十四)干式尾矿库存在下列情形之一的:

1. 入库尾矿的含水率大于设计值,无法进行正常碾压且未设置可靠的防范措施;

2. 堆存推进方向与设计不一致;

3. 分层厚度或者台阶高度大于设计值;

4. 未按设计要求进行碾压。

(十五)经验算,坝体抗滑稳定最小安全系数小于国家标准规定值的 **0.98 倍**。

(十六)三等及以上尾矿库及"头顶库"未按设计设置通往坝顶、排洪系统附近的应急道路,或者应急道路无法满足应急抢险时通行和运送应急物资的需求。

(十七)尾矿库回采存在下列情形之一的:

1. 未经批准擅自回采;

2. 回采方式、顺序、单层开采高度、台阶坡面角不符合设计要求;

3. 同时进行回采和排放。

(十八)用以贮存独立选矿厂进行矿石选别后排出尾矿的场所,未按尾矿库实施安全管理的。

(十九)未按国家规定配备专职安全生产管理人员、专业技术人员和特种作业人员。

附录二

国家矿山安全监察局关于印发《关于加强非煤矿山安全生产工作的指导意见》的通知

矿安〔2022〕4号

各省、自治区、直辖市应急管理厅（局），新疆生产建设兵团应急管理局，国家矿山安全监察局各省级局，有关中央企业：

为进一步提高非煤矿山安全生产水平，推动非煤矿山行业安全高质量发展，国家矿山安全监察局制定了《关于加强非煤矿山安全生产工作的指导意见》，现印发给你们，请认真贯彻执行。请各省级非煤矿山安全监管部门将本指导意见转发至辖区所有非煤矿山企业，并督促抓好贯彻落实。

国家矿山安全监察局
2022年2月8日

关于加强非煤矿山安全生产工作的指导意见

近年来,全国非煤矿山安全生产工作取得明显成效,但安全基础仍然薄弱,事故总量仍然较大,重特大事故尚未得到根本遏制,安全生产形势依然严峻复杂。为进一步加强非煤矿山安全生产工作,切实保护人民群众生命安全,现提出以下意见。

一、指导思想

坚持以习近平新时代中国特色社会主义思想为指导,深入学习贯彻习近平总书记关于安全生产重要论述,坚持人民至上、生命至上,统筹发展和安全,聚焦防范遏制重特大事故,落实"国家监察、地方监管、企业负责"的矿山安全监管监察体制,通过源头管控、规范条件、严格管理、综合治理和强化监管监察,进一步提升非煤矿山企业(含金属非金属矿山企业、尾矿库企业、地质勘探单位、采掘施工企业,下同)规模化、机械化、信息化和安全管理科学化水平,从根本上消除事故隐患、从根本上解决问题,推动非煤矿山行业安全高质量发展。

二、严格安全生产源头管控

(一)**严格安全准入制度**。一个采矿许可证范围内的矿产资源开发应当由一家生产经营单位统一管理,原则上只设置一个独立生产系统。独立生产系统设计生产规模和服务年限应当达到国家、地方规定的最低标准,且设计服务年限不得低于5年。矿体埋藏深度小于200米的新建建筑石料矿山,原则上不得采用地下开采方式。新建金属非金属地下矿山应当采用充填采矿法,不能采用的要进行严格论证。严格落实《关于印发防范化解尾矿库安全风险工作方案的通知》(应急〔2020〕15号),新建四等、五等尾矿库必须采用一次建坝方式,加快推进尾矿库闭库销号,确保尾矿库总量只减不增。非煤矿山安全监管部门要协调推动自然资源等部门提高主要矿种最小开采规模、最低服务年限标准。

（二）**严格安全设施设计**。新建、改建、扩建金属非金属矿山对采矿许可证范围内的矿产资源原则上应当进行一次性总体安全设施设计。金属非金属地下矿山、大中型金属非金属露天矿山、水文地质或者工程地质类型为中等及以上的小型金属非金属露天矿山建设项目安全设施设计，依据的地质资料应当达到勘探程度。设计单位应当严格按照《金属非金属矿山建设项目安全设施目录（试行）》（原国家安全监管总局令第75号）、《金属非金属矿山建设项目安全设施设计编写提纲》和国家有关设计规范，编写建设项目安全设施设计，不得以利旧工程等名义违背安全设施设计的科学性，不得以最低价中标等理由降低安全设施设计质量。非煤矿山企业在建设、生产期间发生《金属非金属矿山建设项目安全设施设计重大变更范围》规定的重大变更，原则上应当由原设计单位进行变更设计，报原审批部门批准后方可施工。非煤矿山企业应当对生产期间的重大变更工程组织安全设施竣工验收。安全评价单位应当严格按照《金属非金属矿山建设项目安全评价报告编写提纲》编写评价报告。承担建设项目安全设施设计、安全评价的人员，对设计、评价结果终身负责。非煤矿山安全监管部门要依法严格实行安全设施设计实质性审查。严格审批非金属矿山露天转地下建设项目安全设施设计。金属非金属地下矿山、设计边坡高度150米及以上的金属非金属露天矿山和尾矿库建设项目安全设施设计审批不得委托或者下放至市级及以下非煤矿山安全监管部门。国家矿山安全监察局建立国家级非煤矿山安全生产专家库，各地要根据实际情况建立省级、市级非煤矿山安全生产专家库。安全设施设计审查应当根据矿山类型、生产规模邀请不少于5名熟悉金属非金属矿山或者尾矿库安全生产工作的相关专业专家进行技术审查，其中：金属非金属地下矿山应当包含采矿、地质、机械、电气专业的专家，金属非金属露天矿山应当包含采矿、地质、岩土专业的专家，尾矿库应当包含水利、地质、土木专业的专家。

（三）**严格安全设施竣工验收**。非煤矿山企业应当在批准的施工期限内完成项目建设，确需延期的必须经原安全设施设计审批部门批准同意，延期时间原则上不超过一年，逾期应当重新履行安全设施设计审查程序。建设单位应当严格按照《国家安全监管总局关于规范金属非金属矿山建设项目安全设施竣工验收工作的通知》（安监总管一〔2016〕14号）要求，组织开展安全设施竣工验收，并对验收结果负责。竣工验收图纸等资料应当与建设现场实际一致，与安全设施设计相符。

（四）严格安全生产许可证审核颁发。对首次申领安全生产许可证的非煤矿山企业，要进行现场核查。对换发安全生产许可证的金属非金属地下矿山采掘施工企业，要对其所属各个项目部人员配备情况进行审查。严禁对低于国家和地方规定的最小开采规模或者最低服务年限的金属非金属矿山颁发安全生产许可证。金属非金属地下矿山、边坡高度超过 200 米的金属非金属露天矿山和尾矿库安全生产许可证审批，不得委托至市级及以下非煤矿山安全监管部门。

三、严格安全生产基本条件

非煤矿山（含金属非金属矿山、尾矿库，以及矿泉水等其他矿山，下同）应当严格按照《金属非金属矿山安全规程》(GB 16423)、《尾矿库安全规程》(GB 39496)、《国家矿山安全监察局关于严格非煤地下矿山建设项目施工安全管理的通知》（矿安〔2021〕7 号）等标准和要求，以及批准的安全设施设计，依法依规建设和生产。按照《金属非金属矿山禁止使用的设备及工艺目录（第一批）》（安监总管一〔2013〕101 号）、《金属非金属矿山禁止使用的设备及工艺目录（第二批）》（安监总管一〔2015〕13 号），淘汰危及生产安全的落后工艺和设备。使用的纳入安全标志管理的产品，必须取得金属非金属矿山矿用产品安全标志。

（五）严格金属非金属地下矿山安全生产基本条件。

1. 规范开采。金属非金属地下矿山具备完善的安全出口、提升、通风、排水、运输、供配电等条件后方可组织采矿作业。开采顺序、采场布置、采场参数、矿（岩）柱留和首采中段、安全出口等应当符合安全设施设计要求。开拓矿量不得少于 3 年，中小型金属非金属地下矿山同时回采的中段数量不得多于 3 个。不同开采主体相邻金属非金属地下矿山之间应当留设不小于 50 米的保安矿（岩）柱。

2. 通风系统。金属非金属地下矿山应当按照《金属非金属地下矿山通风安全技术规范》(AQ 2013) 等标准，建立机械通风系统，加强通风安全管理，保持通风系统可靠运行，严禁以自然通风代替机械通风。每年应当对通风系统进行一次检测，并根据检测结果及时调整完善通风系统。

3. 提升运输系统。提升机、提升绞车、钢丝绳、罐笼防坠器等提升运输装置，应当按规定进行定期检测。新建提升深度超过 300 米且单次提升超过 9 人的竖井提升系统，严禁使用单绳缠绕式提升机。新建、改建、扩建金属非金属地下矿山斜井严禁使用插爪式人车，在用的插爪式斜井人车应当于 2022 年 12 月

31日前淘汰完毕。

4. 防排水系统。金属非金属地下矿山应当建立完善的防排水系统，严禁以废弃巷道、采空区等充作水仓。水文地质类型为中等及以上的金属非金属地下矿山应当严格落实"三专两探一撤"措施（配备防治水专业技术人员、建立专门的探放水队伍、配齐专用的探放水设备，采用物探、钻探等方法进行探放水，且在遇到重大险情时必须立即停产撤人）。存在历史开采形成老采空区的金属非金属地下矿山应当配齐专用的探放水设备，严格执行"预测预报、有疑必探、先探后掘、先治后采"的水害防治要求。探水钻孔超前距离和止水套管长度应当满足《金属非金属地下矿山防治水安全技术规范》（AQ 2061）相关要求。

5. 安全风险监测系统。金属非金属地下矿山在基建过程中应当同步建立监测监控、人员定位、通信联络系统，现有生产金属非金属地下矿山应当于2022年12月31日前建设完毕。开采深度800米及以上的金属非金属地下矿山，应当建立在线地压监测系统。

6. 重要作业活动。非煤矿山企业要严格按照《国务院安委会办公室关于加强矿山安全生产工作的紧急通知》（安委办〔2021〕3号）和《国家安全监管总局关于严防十类非煤矿山生产安全事故的通知》（安监总管一〔2014〕48号）要求，调查清楚矿区范围内及周边相关的老采空区情况并防治到位，在动火作业现场安排专职安全生产管理人员进行管理，对所有巷道、采场和硐室按照设计要求进行支护，严禁擅自回采或者毁坏设计规定保留的矿（岩）柱。开采深度超过800米或者生产规模超过30万吨/年的金属非金属地下矿山应当采用机械化撬毛作业。

（六）**严格尾矿库安全生产基本条件**。

1. 坝体稳定性。尾矿库应当严格按照年度、季度作业计划组织生产，定期进行坝体稳定性分析，不得擅自加高坝体、扩大库容。尾矿堆积坝平均外坡比不得陡于1∶3。尾矿库"头顶库"必须提高一个等别进行管理。

2. 排洪系统。尾矿库每年汛期前应当进行调洪演算，复核尾矿库防洪能力。排水构筑物预制件的制作、安装及封堵应当满足设计要求。新建尾矿库应当委托具有相应资质的检测单位，对排洪构筑物混凝土强度、钢筋数量、间距、保护层厚度等进行质量检测；在用尾矿库新建设的排洪构筑物（含拱板、盖板）应当在使用前进行质量检测。发生6.0级及以上地震等灾害的地区，灾害过后应当及时对受影响尾矿库开展排洪构筑物质量检测。检测人员对质量检测报告结果终身负责。

3. 监测预警。尾矿库应当建设在线安全监测系统。在线安全监测系统应当符合《尾矿库安全监测技术规范》（AQ 2030）和《尾矿库在线安全监测系统工程技术规范》（GB 51108）要求。2022 年 12 月 31 日前，所有尾矿库监测信息应当接入全国尾矿库安全生产风险监测预警系统。

4. 闭库及回采利用。运行到设计最终标高或者不再进行排尾作业的尾矿库，停用时间超过 3 年的尾矿库，以及没有生产经营主体的尾矿库，必须在 1 年内完成闭库治理并销号。尾矿回采再利用工程应当进行回采勘察、安全预评价和回采安全设施设计。回采安全设施设计应当报非煤矿山安全监管部门审查批准，进行回采利用的尾矿库应当在设计回采期内完成所有尾矿回采并销号。同一座尾矿库不得同时进行尾矿回采和排放。

（七）严格金属非金属露天矿山安全生产基本条件。

1. 台阶和边坡。金属非金属露天矿山必须按照自上而下开采顺序，采用台阶开采，严禁掏采或者"一面墙"开采。现状高度 200 米及以上的边坡，应当进行在线监测。现状高度 100 米及以上的边坡，应当每年进行一次边坡稳定性分析。

2. 排土场。排土工艺、排土顺序、阶段高度、总堆置高度、总边坡角、排土挡石坝、安全车挡应当符合《金属非金属矿山排土场安全生产规则》（AQ 2005）等标准要求。现状堆置高度 200 米及以上的排土场，应当进行在线监测。现状堆置高度 100 米及以上的排土场，应当每年进行一次边坡稳定性分析。

四、严格安全和技术管理

（八）健全完善安全生产责任制和规章制度。非煤矿山企业应当建立健全覆盖实际控制人在内的全员安全生产责任制和岗位操作规程。严格落实《金属非金属地下矿山企业领导带班下井及监督检查暂行规定》（原国家安全监管总局令第 34 号），实行发包单位和承包单位领导双带班下井制度。实施井下劳动定员管理，不得超定员安排人员下井作业。严格控制井下单班作业人数，禁止在采掘等安全风险集中区域安排平行作业。鼓励有条件的金属非金属地下矿山取消井下夜班采掘、井巷维修作业。

（九）强化主要负责人安全履职。非煤矿山企业主要负责人（含法定代表人和实际控制人）是本单位安全生产第一责任人，必须严格履行《安全生产法》规定的职责。主要负责人应当每月对照金属非金属矿山重大生产安全事故隐患判定标准，组织开展全面排查，形成重大事故隐患排查治理报告签字备查。金属非金属地下矿山企业主要负责人每月带班下井不得少于 5 个。推行主要负责人安全生产考核计分制度，及时调整不严格履职的主要负责人。金属非金属矿山企业和尾矿库企业实际控制人每月在生产现场履行安全生产职责时间不得少于10个工作日；每月组织研究一次安全生产重大问题，形成会议纪要。

（十）**强化安全管理**。非煤矿山企业必须依法设立安全管理机构或者配备专职安全生产管理人员，应当有注册安全工程师从事安全生产管理工作。专职安全生产管理人员应当从事矿山工作5年及以上、具有相应的非煤矿山安全生产专业知识和工作经验并熟悉本矿生产系统。专职安全生产管理人员数量按不少于从业人数的百分之一配备，且每个金属非金属地下矿山独立生产系统（不含外包施工单位）应当不少于3人，金属非金属露天矿山应当不少于2人，三等及以上尾矿库应当不少于4人，四等、五等尾矿库应当不少于2人。特种作业人员数量必须能够满足实际生产需求，并持证上岗。

（十一）**强化技术管理**。金属非金属地下矿山每个独立生产系统应当配备专职的矿长、总工程师和分管安全、生产、机电的副矿长，以上人员应当具有采矿、地质、矿建（井建）、通风、测量、机电、安全等矿山相关专业大专及以上学历或者中级及以上技术职称。金属非金属地下矿山应当设立技术管理机构，建立健全技术管理制度，配备具有采矿、地质、测量、机电等矿山相关专业中专及以上学历或者中级及以上技术职称的专职技术人员，每个专业至少配备1人。金属非金属露天矿山应当配备具有采矿、地质、机电等矿山相关专业中专及以上学历或者中级及以上技术职称的专职技术人员，每个专业至少配备1人。尾矿库应当配备水利、土木或者选矿（矿物加工）等尾矿库相关专业中专及以上学历或者中级及以上技术职称的专职技术人员，其中三等及以上尾矿库专职技术人员应当不少于2人，四等、五等尾矿库专职技术人员应当不少于1人。

（十二）**强化安全教育培训**。非煤矿山企业应当严格执行《生产经营单位安全培训规定》（原国家安全监管总局令第3号）、《特种作业人员安全技术培训考核管理规定》（原国家安全监管总局令第30号）等规章，强化从业人员安全素质和技能提升，不得安排未经安全生产培训合格的从业人员上岗。建立包括外包施工单位从业人员在内的安全培训档案，实行"一人一档"。

（十三）**强化安全生产标准化建设**。非煤矿山企业应当依法加强安全生产标准化管理体系建设，建立健全安全风险分级管控和事故隐患排查治理双重预防机制，强化安全风险辨识管控，确定管控重点，落实管控责任，加强隐患排查治理，分析隐患成因，制定落实消除措施。持续加强现场安全管理，强化监督检查和激励约束，严格考核兑现。全面实现岗位达标、专业达标、企业达标，夯实安全生产基础。

（十四）**严格按照设计建设和生产**。严格落实评价、设计、建设、施工、监理各方安全责任。基建金属非金属地下矿山必须按照批准的安全设施设计建设，严禁以采代建；必须有与实际相符的纸质现状图，其中开拓系统图，中段平面图，通风系统图，井上、井下对照图，压风、供水、排水系统图，供配电系统图，井下避灾路线图等，至少每月更新一次并由主要负责人签字确认。生产金属非金属地下矿山应当按照《金属非金属矿山安全规程》(GB 16423) 规定的图纸目录，绘制与现场实际相符的纸质现状图，且至少每 3 个月更新一次并由主要负责人签字确认。

（十五）**规范采场单体设计**。金属非金属地下矿山企业应当组织工程技术人员或者委托第三方专业机构编制采场单体设计，自行设计的企业应当有采矿、地质、机电等专业的工程技术人员参与设计工作。必须严格按照采场单体设计组织回采作业，严禁无设计或者不按设计回采作业。

（十六）**严格安全生产费用提取和使用**。非煤矿山企业应当按规定足额提取和使用安全生产费用，实行专户核算，严禁超范围支出。发包单位应当合理测算、全额保障外包工程安全生产费用。外包工程安全生产费用应当在外包工程安全管理协议中予以明确，且不得作为工程竞标费用内容。

（十七）**加强应急处置能力建设**。非煤矿山企业应当按照《生产安全事故应急预案管理办法》(原国家安全监管总局令第 88 号)，及时编制、修订生产安全事故应急预案，赋予调度员、安检员、现场带班人员、班组长等人员现场紧急撤人权，定期组织应急预案演练并编写评估报告。金属非金属地下矿山、尾矿库"头顶库"应当建立应急广播等通信设施，确保应急指令能够传达至影响范围内的所有人员。尾矿库"头顶库"每年汛期前应当主动协同当地政府组织下游居民开展联合应急演练。

五、加强外包工程安全管理

（十八）**切实落实外包工程安全生产主体责任**。非煤矿山应当按照《非煤矿山外包工程安全管理暂行办法》(原国家安全监管总局令第 62 号) 和《关于加强金属非金属地下矿山外包工程安全管理的若干规定》(矿安〔2021〕55 号)，切实落实外包工程安全生产主体责任，对承包单位实施统一管理，做到管理、培训、检查、考核、奖惩"五统一"，严禁"以包代管、包而不管"。严禁承包单位转包和非法分包采掘工程项目。

(十九）加强项目部安全管理。金属非金属地下矿山采掘施工承包单位项目部应当依法设立安全管理机构或者配备专职安全生产管理人员，专职安全生产管理人员数量按不少于从业人数的百分之一配备且不少于 3 人；配备具有采矿、地质、测量、机电等矿山相关专业的专职技术人员，每个专业至少配备 1 人。项目部负责人和专职技术人员应当具有矿山相关专业中专及以上学历或者中级及以上技术职称。项目部管理人员、技术人员、特种作业人员必须是项目部上级法人单位的正式职工，不得使用劳务派遣人员、临时人员。

六、强化停产停建矿山安全管理

（二十）严格落实停产停建期间安全措施。计划停产停建超过 3 个月的非煤矿山，应当向相应非煤矿山安全监管部门书面报告停产停建原因、期限和停产停建期间拟采取的安全管理措施等事项并严格落实。停产停建超过 6 个月和待关闭的金属非金属地下矿山，应当安设"电子封条"。停产停建期间必须严格人员入井管理，严禁以设备调试、检修和设施维修等为由组织建设或生产。

（二十一）加强复产复工安全管理。复产复工前，非煤矿山企业主要负责人应当组织制定详细的复产复工方案，开展全员安全教育培训，组织全面安全检查。金属非金属地下矿山在复产复工准备和隐患排查整改期间，必须严格控制入井人数。停产停建超过 3 个月的非煤矿山在复产复工前必须组织复产复工检查验收，经确认符合安全生产条件的，向相应非煤矿山安全监管部门提交复产复工报告。非煤矿山安全监管监察部门要对复产复工矿山进行检查，对不符合安全生产条件和弄虚作假的，依法严肃查处。

七、推进矿山安全转型升级

（二十二）强化淘汰关闭。非煤矿山安全监管部门要将未依法取得安全生产许可证擅自从事矿产资源开采的；安全生产许可证有效期满未提出延期换证申请，经限期整改仍不申请办理延期换证手续的；相邻非煤矿山之间最小距离不满足安全要求且拒不实施整合的；存在持勘查许可证采矿、以采代建、以采代探（掘）等违法行为且拒不整改的；违反建设项目安全设施"三同时"规定，拒不执行安全监管监察指令、逾期未完善"三同时"相关手续的；与煤共（伴）生金属非金属矿山不具备煤矿国家标准或者行业标准规定的安全生产条件，经停产整顿仍不具备的；使用国家或者地方政府明令淘汰的落后工艺、技术和装备，在规定期限内拒不整改的；以及《安全生产法》第一百一十三条明确的 4

种情形的非煤矿山企业，作为重点关闭对象提请地方人民政府予以关闭。要引导长期停产停工、恢复无望的非煤矿山加快退出。

（二十三）**强化整合重组**。坚持"政府引导、市场运作、扶优汰劣、分类处置"的原则，推动对同一个矿体分属2个及以上不同采矿权人的、相邻采矿权最小距离不满足安全要求的金属非金属矿山实施整合重组，实现矿权、规划、主体、系统、管理"五统一"，严防假整合。鼓励具有管理和技术优势的大型非煤矿山兼并重组中小型非煤矿山。鼓励有能力的矿山科研技术单位为中小型非煤矿山提供全方位技术服务。

（二十四）**加快升级改造**。非煤矿山企业要积极落实《金属非金属矿山新型适用安全技术及装备推广目录（第一批）》（安监总管一〔2015〕12号），不断提高安全生产科技保障能力。中小型非煤矿山要加快推进凿岩、撬毛、支护、铲装、运输等机械化改造，大型非煤矿山要加快推进自动化、智能化改造和井下重点岗位机器人替代。非煤矿山中央企业和国有重点企业要率先开展智能化建设。

八、强化安全监管监察

（二十五）**落实地方监管责任**。实行金属非金属地下矿山和尾矿库地方人民政府领导安全生产包保责任制，逐矿逐库明确包保责任人，制定包保责任清单，落实包保措施。非煤矿山安全监管部门要加强现场检查考核，推动非煤矿山企业安全生产标准化工作，实现动态达标；加强分类分级监管，对即将关闭退出矿、停产矿、停建矿、技改矿、整合矿、基建矿、生产矿等所有类型矿山逐一明确日常安全监管主体。非煤矿山安全监管部门应当在本部门官方网站或者当地主流媒体公布日常监管企业名单。中央企业所属非煤矿山应当由市级及以上部门负责监管。原则上尾矿库"头顶库"、开采深度超过800米或者单班下井人数超过30人的金属非金属地下矿山、边坡高度超过200米的金属非金属露天矿山安全监管不得下放至县级及以下部门。

（二十六）**加强国家监察**。国家矿山安全监察局各省级局要严格落实矿山安全国家监察职责，监督检查地方非煤矿山安全监管工作，向地方政府提出改善和加强非煤矿山安全监管工作的意见建议。对发现落实党中央、国务院关于非煤矿山安全生产工作方针政策和决策部署不到位、问题突出的，以及辖区非煤矿山企业存在安全风险失防失控、问题隐患严重或者重复出现、发生影响较大的生产安全事故等情形的地方政府及其有关部门，及时下达监察指令。加大非煤矿山企业安全生产抽查检查力度，对发现的重大事故隐患采取现场处置措施，督促地方有关部门依法进行处罚。

（二十七）**强化对中介机构的监管监察**。非煤矿山安全监管监察部门要把中介机构作为安全监管执法检查和监察的重点对象，严厉打击在安全设施设计、安全评价、检测检验服务中出具虚假报告、出租出借资质、从业人员出租出借资格证书、超出资质证书记载的业务范围开展业务等违法违规行为。督促中介机构切实落实服务公开和报告公开制度。规范矿用产品安全标志认证、检测、检验工作，建立矿用产品安全标志产品生产和发证单位安全生产失信联合惩戒"黑名单"制度，对导致发生生产安全事故或者产生重大安全问题的应当倒查认证、检测、检验工作责任。

（二十八）**加大监管执法力度**。非煤矿山安全监管部门要严格落实《应急管理部关于加强安全生产执法工作的意见》（应急〔2021〕23号），精准执法、严格执法和规范执法。通过聘用非煤矿山行政执法技术检查员等方式，加强执法专业力量建设，非煤矿山安全生产重点市、县要建立与监管任务相匹配的非煤矿山安全专业执法队伍。根据矿山重大隐患调查处理办法，对检查发现的重大事故隐患，依法依规进行调查处理。严厉打击《全国安全生产专项整治三年行动计划》中明确的10类非煤矿山典型违法违规行为。重点查处非煤矿山企业"三违"行为，督促非煤矿山企业制定"三违"目录，建立"三违"行为查处台账。坚持"逢查必考"，加强非煤矿山企业安全培训现场检查。省、市级非煤矿山安全监管部门每半年至少对非煤矿山安全监管执法情况分析通报一次，对发生生产安全死亡责任事故或者责任落实不到位、工作开展不力的地区进行约谈；每季度在本部门官方网站或者当地主流媒体上集中曝光一批违法违规典型案例。

（二十九）**严格事故查处**。非煤矿山安全监管监察部门要认真落实生产安全事故调查责任，查清事故原因，严格责任追究，对构成犯罪的要依法移送司法机关追究相关人员刑事责任。对不具备法律、行政法规和国家标准或者行业标准规定的安全生产条件，导致发生重大及以上生产安全事故的非煤矿山企业，依法提请地方人民政府予以关闭。严厉打击瞒报、谎报、迟报事故违法行为，对参与瞒报、谎报、迟报的有关人员要依法移送司法机关处理。

（三十）**加强安全监管信息化建设**。省级非煤矿山安全监管部门要加强非煤矿山安全监管信息化系统建设，具备接入国家矿山安全生产综合信息系统的条件，不断提高非煤矿山安全监管信息化水平。各级非煤矿山安全监管部门要及时动态更新尾矿库包保责任基本信息，不断完善尾矿库安全风险监测预警信息平台，实现与企业在线安全监测系统的互联互通。

附录三

ICS 13.100
C 72

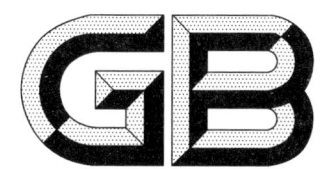

中华人民共和国国家标准

GB 16423—2020
代替 GB 16423—2006

金属非金属矿山安全规程

Safety regulation for metal and nonmetal mines

2020-10-11 发布 2021-09-01 实施

国家市场监督管理总局
国家标准化管理委员会 发布

前 言

本标准按照 GB/T 1.1—2009 给出的规则起草。

本标准代替 GB 16423—2006《金属非金属矿山安全规程》。

本标准与 GB 16423—2006 相比，主要变化如下：

——删除了 2006 年版中的非强制性条款，修订后的规程全部由强制性条款组成；

——修改了防跑车装置等术语和定义，增加了安全出口等术语和定义；

——对 2006 年版的条款顺序进行了适当的调整；

——修改了部分条款；

——取消了"职业危害防治"章条；

——增加了"特殊开采"和"应急救援"章条；

——删除了 2006 年版引用的若干标准，只引用 GB 6722 和 GB 18871。

本标准由中华人民共和国应急管理部提出并归口。

本标准所代替标准的历次版本发布情况为：

——GB 16423—1996、GB 16423—2006；

——GB 16424—1996。

金属非金属矿山安全规程

1 范围

本标准规定了金属非金属矿山的设计、建设、开采和闭坑全过程的安全要求。
本标准适用于金属非金属矿山的设计、建设、开采和闭坑的全过程。
本标准不适用于：
——煤系金属非金属矿山的开采；
——河砂和海砂开采；
——石油、天然气、页岩气、矿泉水等液态或气态矿藏的开采。

2 规范性引用文件

下列文件对于本文件的应用是必不可少的。凡是注日期的引用文件，仅注日期的版本适用于本文件。凡是不注日期的引用文件，其最新版本（包括所有的修改单）适用于本文件。
GB 6722 爆破安全规程
GB 18871 电离辐射防护与辐射源安全基本标准

3 术语和定义

下列术语和定义适用于本文件。

3.1
金属非金属露天矿山 metal and nonmetal opencast mines
在地表通过剥离围岩、表土或砾石，采出金属或非金属矿物的采矿场及其附属设施。
注："金属非金属露天矿山"在本标准中简称"露天矿山"。

3.2
金属非金属地下矿山 metal and nonmetal underground mines
以平硐、斜井、斜坡道、竖井等作为出入口，深入地表以下，采出金属或非金属矿物的采矿场及其附属设施。

注:"金属非金属地下矿山"在本标准中简称"地下矿山"。

3.3

煤系金属非金属矿山 mines of metal and nonmetal accompanied with coal

开采与煤共(伴)生矿种的金属非金属矿山。

3.4

安全出口 safe exit

矿山井下人员安全地离开井下到达地面的通道。

3.5

主要安全出口 main safe exit

矿山井下人员日常工作时使用的安全出口。

3.6

应急安全出口 emergency exit

矿山井下人员不经常使用的安全出口。

3.7

水力开采 hydromine

利用高压水冲击矿石和围岩,回收矿物的采矿工艺。

3.8

挖掘船开采 dredging

利用挖掘船抽吸含矿泥浆回收有用矿物的采矿工艺。

3.9

饰面石材开采 shaping stone mine

开采大理石等石材的特殊采矿工艺。

3.10

盐湖开采 recovering on saline

在盐湖中开采盐类和其他有用矿物的采矿工艺。

3.11

钻井水溶开采 solution mining

通过钻井将淡水注入井下,将矿物溶解为溶液并压出地面回收的采矿工艺。

3.12

原地浸出采矿 in situ leaching

将溶浸剂从地表压入地下矿层,将有用矿物转化为液相后再抽取至地表的采矿工艺。

3.13

排土场　dump

集中堆放矿山建设和生产过程中产生的腐殖表土和岩石等的场所。

3.14

矿岩粗破碎　primary crushing

为使矿石或者岩石的尺寸满足提升运输或后续工艺要求进行的破碎工作。

3.15

防跑车装置　bull

斜井提升时，安装在提升线路上防止矿车继续下坠的装置。

3.16

岩爆　rockburst

岩体中聚积的弹性变形势能突然猛烈释放，导致岩石爆裂或弹射出来的现象。

3.17

有效风量率　ratio of effective air quantity

各工作面实际得到的有效风量总和与矿井总进风量的比值。

3.18

钢丝绳安全系数　safety factor of steel wire rope with static load

全部钢丝绳的钢丝破断拉力总和与其所承受的最大静载荷之比。

3.19

制动钢丝绳安全系数　safety factor of braking rope

制动钢丝绳的最小破断力与制动载荷之比。

3.20

钢丝绳静防滑安全系数　static anti-slip safety factor of steel wire rope

按照尤拉公式计算出的，提升装置上钢丝绳打滑时的钢丝绳静张力差与设计工况下钢丝绳最大静张力差的比值。

3.21

钢丝绳动防滑安全系数　dynamic anti-slip safety factor of steel wire rope

按照尤拉公式计算出的，提升系统加速或者减速运行过程中提升装置上钢丝绳打滑时的钢丝绳张力差与设计工况下钢丝绳最大动张力差的比值。

3.22

织物芯输送带静载荷安全系数　safety factor of fibre belts

每层织物单位宽度的抗拉强度、织物层数、输送带宽度的乘积与输送带承受的最大静拉力的比值。

3.23

钢丝绳芯输送带静载荷安全系数 safety factor of steel cord belts

输送带单位宽度的抗拉强度和输送带宽度的乘积与输送带承受的最大静拉力的比值。

3.24

输送带动载荷安全系数 safety factor of belts with dynamic load

输送带的名义破断拉力与计算最大动载荷的比值。

3.25

大倾角带式输送机 steep belt conveyor

上行倾角超过15°或者下行倾角超过12°的带式输送机。

3.26

设计最大排水量 maximum engineering drainage water

矿山设计中采取设置防水门等技术措施后，单位时间内需要排出的最大水量。

4 总则

4.1 基本规定

4.1.1 矿山企业应遵守国家有关安全生产的法律、法规、规章和标准。

4.1.2 矿山企业应建立健全安全生产责任制，制定安全生产规章制度、安全教育培训制度和各岗位的安全操作规程。明确各岗位人员的责任和考核标准。

4.1.3 矿山企业应认真执行安全生产责任制和安全生产规章制度。

4.1.4 矿山企业应认真执行安全检查制度。

4.1.5 矿山企业应认真执行安全教育培训制度。

4.1.6 矿山企业应配备专职安全生产管理人员；从业人员超过一百人的应当设置安全生产管理机构。

4.1.7 矿山企业使用的设备、器材、防护用品及安全检测仪器仪表，应符合国家有关要求。

4.1.8 矿山企业应为从业人员提供符合国家标准要求的劳动防护用品。进入矿山作业场所的人员，应按规定佩戴防护用品。

4.1.9 露天矿山应保存下列图纸，并根据实际情况的变化及时更新：

—— 地形地质图；

—— 采剥工程年末图；

—— 采场边坡工程平面及剖面图；

—— 采场最终境界图；

—— 排土场年末图；

—— 排土场工程平面及剖面图；

—— 供配电系统图；

—— 井下采空区与露天矿平面对照图；

—— 防排水系统图。

4.1.10 地下矿山应保存下列图纸，并根据实际情况的变化及时更新：

—— 矿区地形地质图、水文地质图（含平面和剖面）；

—— 开拓系统图；

—— 中段平面图；

—— 通风系统图；

—— 井上、井下对照图；

—— 压风、供水、排水系统图；

—— 通信系统图；

—— 供配电系统图；

—— 井下避灾路线图；

—— 相邻采区或矿山与本矿山空间位置关系图。

图中应正确标记：

—— 已掘进巷道和计划掘进巷道的位置、名称、规格；

—— 采空区和已充填采空区、废弃井巷和计划开采的采场的位置、名称与尺寸；

—— 通风、防尘、防火、防水、排水等主要设备和设施的位置；

—— 风流方向，人员安全撤离的路线和安全出口；

—— 井下通信设备位置；

—— 采空区及废弃井巷的处理方式、进度、现状及地表塌陷区的位置。

4.2 矿山企业主要负责人

4.2.1 矿山企业主要负责人对本矿山的安全生产负责。

4.2.2 矿山企业主要负责人应具备矿山安全生产专业知识，具有领导矿山安全生产和处理矿山事故的能力。

4.2.3 矿山企业主要负责人应依法接受安全培训和考核，并取得合格证。

4.3 专职安全生产管理人员

4.3.1 专职安全生产管理人员应从事矿山工作5年以上、具有相应的矿山安全生产专业知识和工作经验并熟悉本矿山生产系统。专职安全生产管理人员应依法接受培训，并取得合格证。

4.3.2 专职安全生产管理人员应按照岗位职责组织或者参与制定本矿山的安全生产规章制度、各岗位的安全操作规程和安全事故应急救援预案。

4.3.3 专职安全生产管理人员应按照岗位职责组织或者参与制定安全教育培训制度，组织矿山从业人员的安全生产教育和培训工作以及外来人员入矿前的安全教育工作。

4.3.4 专职安全生产管理人员应按照岗位职责组织本矿山应急救援演练。

4.3.5 专职安全生产管理人员应按照岗位职责和安全生产检查制度对安全生产状况进行检查；及时排查生产安全事故隐患，提出改进安全生产管理的建议；制止和纠正违章指挥、强令冒险作业、违反操作规程的行为；督促落实本单位安全生产整改措施。检查、处理情况和改进措施及整改情况应由检查人员记录，并由各级责任人员签字确认后存档。

4.4 安全生产管理机构

4.4.1 安全生产管理机构应配备足够的专职安全生产管理人员。

4.4.2 安全生产管理机构负责本矿山安全生产的日常管理工作，组织或者参与制定安全生产规章制度、岗位操作规程、安全事故应急预案，组织安全生产教育和培训工作，组织本矿山应急救援演练。

4.5 安全教育与培训

4.5.1 矿山企业应对矿山从业人员进行安全生产教育和培训，保证各岗位人员具备必要的安全生产知识，熟悉本矿山安全生产规章制度和本岗位安全操作规程，掌握本岗位的安全操作技能。未经安全生产教育和培训合格的，不准许上岗。

4.5.2 新进露天矿山的生产作业人员应接受不少于72 h的安全培训，经考试合格后上岗。

4.5.3 新进地下矿山的生产作业人员应接受不少于72 h 的安全培训；经考试合格后，由从事地下矿山作业2年以上的老工人带领工作至少4个月，熟悉本工种操作技术并经考核合格方可独立工作。

4.5.4 调换工种的生产作业人员应接受新岗位的安全操作培训，考试合格方可进行新工种操作。

4.5.5 所有生产作业人员每年至少应接受20 h 的职业安全再培训，并应考试合格。

4.5.6 采用新工艺、新技术、新设备、新材料时，应对有关人员进行专门培训和考试。

4.5.7 入矿参观、考察、实习、学习、检查等的外来人员，应接受安全教育，并由熟悉本矿山安全生产系统的从业人员带领进入作业场所。

4.5.8 矿山从业人员的安全培训情况和考核结果，应记录存档。

4.6 矿山建设

4.6.1 矿山企业的办公区、生活区、工业场地、地面建筑等，不应设在危崖、塌陷区、崩落区，不应设在受尘毒、污风影响区域内，不应受洪水、泥石流、爆破威胁。

4.6.2 矿山企业的加油站、加气站应设置在安全地点。

4.6.3 矿山企业的新建、改建、扩建项目，应按照国家要求进行安全设施设计。安全设施应该与主体工程同时设计、同时施工、同时投入生产和使用。

4.6.4 矿山企业的新建、改建、扩建项目的安全设施，应按照国家有关规定进行设计、施工和验收。

4.6.5 矿山建设项目的安全设施应该在项目正式投产前进行验收。

4.7 安全生产管理

4.7.1 任何人不应酒后进入矿山作业场所，不应将酒类饮料带入矿山作业场所；紧急医疗除外。

4.7.2 矿山井下禁止吸烟。

4.7.3 矿山企业的要害岗位、重要设备和设施周围及危险区域，应设置醒目的安全警示标志，并在生产使用期间保持完好。

4.7.4 矿山企业应对安全设施进行定期检查、维护和保养，记录结果并存档，记录应由相关人员签字确认；安全设施在用期间，不得拆除或者破坏。

4.7.5 矿山使用的涉及人身安全的设备应由专业生产单位生产，并经具有专业资质的检测、检验机构检测、检验合格，方可投入使用；矿山生产期间，应定期由具有专业资质的检测、检验机构进行检测、检验，并出具检测、检验报告。

4.7.6 矿山采用涉及安全生产的新技术、新工艺、新设备、新材料之前，应制定可靠的安全措施，并将相关文件存档。

4.7.7 矿山设备不应在有明火或其他不安全因素的地点加油或加气。

4.7.8 地下矿山企业应建立健全下井人员出入矿井登记和检查制度。入井人员应随身携带符合安全要求的照明灯具和自救器。

4.7.9 矿山企业发生生产安全事故时，矿山企业主要负责人应立即组织抢救，迅速采取有效措施减小损失。

4.7.10 发生生产安全事故后，企业应按国家有关规定及时、如实报告事故情况；分析事故原因，总结经验教训，提出防止同类事故发生的措施。

4.7.11 发生特别重大生产安全事故，或地下矿山停产6个月以上，恢复生产前应进行全面安全检查、制定和采取可靠的安全措施。满足安全生产条件后方可恢复生产。

4.8 闭坑

4.8.1 露天矿山闭坑应对周围安全无不良影响；露天坑入口、露天坑周围易于发生危险的区域应设置围栏和警示标志，防止人员误入。

4.8.2 地下矿山闭坑时，应对进入矿山地下的入口进行封闭，并沿划定的崩落区范围设置围栏和警示标志，防止人员坠入。

5 露天矿山

5.1 基本规定

5.1.1 有遭遇洪水危险的露天矿山应设置专用的防洪、排洪设施。

5.1.2 在受地下开采影响的范围内进行露天开采时，应采取有效的安全技术措施。

5.1.3 地下开采转为露天开采时，应确定全部地下工程和矿柱的位置并绘制在矿山平、剖面对照图上；开采前应处理对露天开采安全有威胁的地下工程和采空区，不能处理的，应采取安全措施并在开采过程中处理。

5.1.4 露天与地下同时开采时,应分析露天开采与地下开采的相互影响并采取有效的安全措施。露天和井下同时爆破影响安全时,不应同时爆破。

5.1.5 下列区域内不得设置有人员值守的建构筑物:
——受露天爆破威胁区域;
——储存爆破器材的危险区域;
——矿山防洪区域;
——受岩体变形、塌陷、滑坡、泥石流等地质灾害影响区域。

5.1.6 采剥和排土作业不应给深部开采和邻近矿山造成水害或者其他危害。

5.1.7 设计规定保留的矿柱、岩柱、挂帮矿体,在规定的期限内,未经技术论证,不应开采或破坏。

5.1.8 露天坑入口和露天坑周围易于发生危险的区域应设置围栏和警示标志,防止无关人员进入。

5.1.9 采矿设备的供电电缆,应保持绝缘良好,不应与金属材料和其他导电材料接触,横过道路、铁路时应采取防护措施。

5.1.10 露天采矿设备从架空电力线路下方通过时,设备最突出部分与架空线路的距离应符合下列规定:
——3 kV 以下,不小于 1.5 m;
——3 kV~10 kV,不小于 2.0 m;
——10 kV 以上,不小于 3.0 m。

5.1.11 不应采用没有捕尘装置的干式穿孔设备。

5.1.12 露天爆破应遵守 GB 6722 的规定。

5.1.13 距坠落基准面 2 m 及 2 m 以上、有人员坠落危险的作业场所应设安全网等防护设施,作业人员应佩戴安全带。有六级以上强风时,不应进行高处作业和露天起重作业。

5.1.14 不良天气影响正常生产时,应立即停止作业;威胁人身安全时,人员应转移到安全地点。

5.2 露天开采

5.2.1 一般规定

5.2.1.1 露天开采应遵循自上而下的开采顺序,分台阶开采。生产台阶高度应符合表 1 的规定。

表 1 生产台阶高度

矿岩性质	作业方式		台阶高度
松软的岩土、砂状的矿岩	机械铲装	不爆破	不大于机械的最大挖掘高度
坚硬稳固的矿岩		爆破	不大于机械最大挖掘高度的1.5倍

5.2.1.2 露天矿山应该采用机械方式进行开采。

5.2.1.3 多台阶并段时并段数量不超过3个,且不应影响边坡稳定性及下部作业安全。

5.2.1.4 露天采场应设安全平台和清扫平台。人工清扫平台宽度不小于6 m,机械清扫平台宽度应满足设备要求且不小于8 m。

5.2.1.5 采场运输道路以及供电、通信线路均应设置在稳定区域内。

5.2.2 穿孔作业

5.2.2.1 钻机稳车时,应与台阶坡顶线保持足够的安全距离。穿凿第一排孔时,钻机的纵轴线与台阶坡顶线的夹角不应小于45°。钻机与下部台阶接近坡底线的电铲不应同时作业。钻机长时间停机,应切断机上电源。

5.2.2.2 移动钻机应遵守如下规定:

——行走前司机应先鸣笛,确认履带前后无人;

——行进前方应有充分的照明;

——行走时应采取防倾覆措施,前方应有人引导和监护;

——不应在松软地面或者倾角超过15°的坡面上行走;

——不应90°急转弯;

——不应在斜坡上长时间停留。

5.2.2.3 遇到影响安全的恶劣天气时不应上钻架顶作业。

5.2.3 铲装作业

5.2.3.1 铲装工作开始前应确认作业环境安全。

5.2.3.2 铲装设备工作前应发出警告信号,无关人员应远离设备。

5.2.3.3 铲装设备工作时其平衡装置与台阶坡底的水平距离不小于1 m。

5.2.3.4 铲装设备工作应遵守下列规定:

——悬臂和铲斗及工作面附近不应有人员停留；
——铲斗不应从车辆驾驶室上方通过；
——人员不应在司机室踏板上或有落石危险的地方停留；
——不应调整电铲起重臂。

5.2.3.5 多台铲装设备在同一平台上作业时，铲装设备间距应符合下列规定：
——汽车运输：不小于设备最大工作半径的3倍，且不小于50 m；
——铁路运输：不小于2列车的长度。

5.2.3.6 上、下台阶同时作业时，上部台阶的铲装设备应超前下部台阶的铲装设备；超前距离不小于铲装设备最大工作半径的3倍，且不小于50 m。

5.2.3.7 铲装时铲斗不应压、碰运输设备；铲斗卸载时，铲斗下沿与运输设备上沿高差不大于0.5 m；不应用铲斗处理车厢黏结物。

5.2.3.8 发现悬浮岩块或崩塌征兆时，应立即停止铲装作业，并将设备转移至安全地带。

5.2.3.9 铲装设备穿过铁路、电缆线路或者风水管路时，应采取安全防护措施保护电缆、风水管和铁路设施。

5.2.3.10 铲装设备行走应遵守下列规定：
——应在作业平台的稳定范围内行走；
——上、下坡时铲斗应下放并与地面保持适当距离。

5.2.4 边坡

5.2.4.1 露天边坡应符合设计要求，保证边坡整体的安全稳定。

5.2.4.2 邻近最终边坡作业应遵守下列规定：
——采用控制爆破减震；
——保持台阶的安全坡面角，不应超挖坡底。

5.2.4.3 遇有下列情况时，应采取有效的安全措施：
——岩层内倾于采场，且设计边坡角大于岩层倾角；
——有多组节理、裂隙空间组合结构面内倾于采场；
——有较大软弱结构面切割边坡；
——构成不稳定的潜在滑坡体的边坡。

5.2.4.4 边坡浮石清除完毕之前不应在边坡底部作业；人员和设备不应在边坡底部停留。

5.2.4.5 矿山应建立健全边坡安全管理和检查制度。每5年至少进行1次边坡稳定性分析。

5.2.4.6 露天采场工作边坡应每季度检查1次，运输或者行人的非工作边坡每半年检查1次；边坡出现滑坡或者坍塌迹象时，应立即停止受影响区域的生产作业，撤出相关人员和设备，采取安全措施；高度超过200 m的露天边坡应进行在线监测，对承受水压的边坡应进行水压监测。

5.2.4.7 矿山应制定针对边坡滑塌事故的应急预案。

5.2.5 溜井、溜槽

5.2.5.1 溜井应布置在坚硬、稳定的矿岩中；溜井穿过局部不稳固地层时应采取加固措施。

5.2.5.2 溜井井口应高出周围地面，防止地面汇水进入溜井；井口周围应有良好的照明，并设安全护栏和明显的警示标志；溜井卸矿口应设高度不小于车轮轮胎直径1/3的车挡；卸矿时应有监控或者专人指挥。

5.2.5.3 溜井底部放矿硐室应设安全通道。放矿口两侧均应连通地表。

5.2.5.4 不应将杂物卸入溜井，溜井不应放空。

5.2.5.5 在溜井口及其周围进行爆破，应有专门设计。

5.2.5.6 溜井检修时，无关人员不应在附近逗留。

5.2.5.7 溜井发生堵塞、垮塌、跑矿等事故时，应待其稳定后查明事故的位置和原因，再进行处理；事故处理人员不应从下部进入溜井。

5.2.5.8 溜井积水时应妥善处理；采取安全措施后方可继续放矿，且不应卸入粉矿。

5.2.5.9 溜槽高度不大于120 m，倾角不超过50°；溜槽卸矿口应设置高度不小于车轮高度1/3的车挡，溜槽底部应设接矿平台和防滚石挡墙；接矿平台周围应有明显警示标志；溜矿时严禁人员靠近溜槽。

5.3 矿岩粗破碎

5.3.1 矿岩粗破碎站应符合下列规定：
—— 破碎站应避开有沉降、塌陷、滑坡危险以及受洪水威胁的地段；
—— 应设照明设施、卸料指示和报警信号装置；
—— 破碎机受料仓和缓冲仓排料口应设视频监视；
—— 矿仓口周围应设围挡或防护栏杆；卸车平台受料口应设牢固的安全限位车挡，车挡高度不小于车轮轮胎直径的1/3；

——矿仓口卸料时应采取喷雾降尘措施。

5.3.2 铁路车辆卸载应遵守下列规定：
——翻车机及周围无人、无障碍物，方可翻车卸矿；
——检修翻车机或在矿槽内工作时应有可靠的安全措施；
——粗破碎机和给料设备处于停车状态时，不应直接向破碎机卸矿。

5.3.3 用起重机吊运大块物料时，应将物料绑好挂牢，由专人指挥缓慢起吊。

5.3.4 用起重机吊运大块物料或用破碎锤处理大块时，非作业人员应撤到安全地点。

5.3.5 处理给料设备堵塞和蓬矿时，应遵守下列规定：
——断开设备电源开关，并有专人监护；
——人员应在安全位置作业。

5.3.6 清除破碎机内部物料时，应断开设备电源，并有专人监护；先清除给矿机头部的矿石，然后从破碎机上部开始处理；不得从排矿口下部向上处理。

5.3.7 处理破碎机下部矿仓问题时应遵守下列规定：
——安排人员监护破碎站卸矿平台，防止运输设备卸料；
——断开破碎机和给料设备电源，并有专人监护；
——清空破碎机内的物料；
——作业人员应系好安全绳或者安全带。

5.4 矿岩运输

5.4.1 铁路运输

5.4.1.1 铁路运输线路应符合下列规定：
——线路坡度不大于45‰；曲线段坡度不大于3‰；
——平面连接曲线长度不小于30 m；
——线路的平曲线段轨距应加宽：半径小于300 m时，加宽10 mm；不小于300 m时，加宽5 mm；
——轨距加宽段与正常段之间的连接线长度不小于30 m，坡度不大于3‰；
——竖曲线半径不小于3000 m，连接线长度不小于200 m；
——道床边坡度不大于1:1.75；
——路肩宽度不小于1 m。

5.4.1.2 固定线路的曲线段应符合下列规定：
——准轨铁路曲线半径：不小于120 m；

——窄轨铁路曲线半径：600 mm 轨距时，不小于 30 m；轨距大于 600 mm 时，不小于 60 m；

——在曲线内侧设护轨。

5.4.1.3 矿山铁路应按规定设置避让线、安全线和故障车辆停车线。

5.4.1.4 窄轨铁路接触线距轨面的高度，应符合下列规定：

——地下型电机车架线应遵守 6.4.1.13 的规定；

——露天型电机车架线高度不低于 3.0 m，并符合设备安全要求；

——接触线与公路交叉处的架线高度根据公路交通安全要求确定。

5.4.1.5 下列地段应设双侧护轨：

——桥梁范围内；

——路堤道口铺砌的范围内；

——准轨线路中心到桥墩距离小于 3 m 的桥下线路。

5.4.1.6 铁路道口应符合下列规定：

——人流和车流密度较大的铁路与道路的交叉口应实行立体交叉；

——站场内不应设平交道口；

——平交道口应设自动道口信号装置并设专人看守。

5.4.1.7 大桥及跨线桥跨越铁路电网的相应部位应设安全栅网；跨线桥两侧应设防止矿石坠落的防护网。

5.4.1.8 装、卸车线应保证车辆不能自由滑行。线路尽头应设安全车挡与警示标志。

5.4.1.9 准轨列车制动距离不大于 300 m；窄轨列车制动距离不大于 150 m。

5.4.1.10 同一线路上不应有两列或者两列以上列车同时调车；不应采用自溜方式调车。

5.4.1.11 列车运行时，人员不应攀登机车或车辆；电机车升起受电弓后，人员不应登上车顶或进入侧走台。

5.4.1.12 铁路起重机作业时，应采取措施防止起重机意外移动。

5.4.2 道路运输

5.4.2.1 不应用自卸汽车运载易燃、易爆物品。

5.4.2.2 自卸汽车装载应遵守如下规定：

——停在铲装设备回转范围 0.5 m 以外；

——驾驶员不离开驾驶室，不将身体任何部位伸出驾驶室外；

——不在装载时检查、维护车辆。

5.4.2.3 双车道的路面宽度，应保证会车安全。主要运输道路的急弯、陡坡、危险地段应设置警示标志。

5.4.2.4 运输道路的高陡路基路段，或者弯道、坡度较大的填方地段，远离山体一侧应设置高度不小于车轮轮胎直径1/2的护栏、挡车墙等安全设施及醒目的警示标志。

5.4.2.5 道路与铁路交叉的道口交角应不小于45°；交叉道口应设置警示牌。

5.4.2.6 汽车运行应遵守下列规定：
——驾驶室外禁止乘人；
——运行时不升降车斗；
——不采用溜车方式发动车辆；
——不空挡滑行；
——不弯道超车；
——下坡车速不超过 25 km/h；
——不在主运输道路和坡道上停车；
——不在供电线路下停车；
——拖挂车辆行驶时采取可靠的安全措施，并有专人指挥；
——通过道口之前驾驶员减速瞭望，确认安全后再通过；
——不超载运行。

5.4.2.7 现场检修车辆时，应采取可靠的安全措施。

5.4.2.8 夜间装卸车应有良好的照明条件。

5.4.2.9 雾霾或烟尘影响能见度时，应开启警示灯，靠右侧减速行驶，前后车间距应不小于 30 m，视距不足 30 m 时，应靠右停车。冰雪或多雨季节，道路湿滑时，应有防滑措施并减速行驶，前后车距应不小于 40 m。拖挂其他车辆时，应采取有效的安全措施，并有专人指挥。

5.4.3 带式输送机运输

5.4.3.1 使用带式输送机应遵守下列规定：
——物料不应从输送带上向下滚落；
——带式输送机倾角：向上不大于15°，向下不大于12°，大倾角带式输送机除外；
——任何人员均不应搭乘非载人带式输送机；

——在跨越输送机的地点设置带有安全栏杆的跨越桥；

——清除附着在输送带、滚筒和托辊上的物料，应停车进行；

——不在运行的输送带下清理物料；

——输送机运转时不进行注油、检查和修理等工作；

——维修或者更换备件时，应停车、切断电源，并由专人监护，不准许送电。

5.4.3.2 使用大倾角带式输送机应遵守6.4.3.8的规定。

5.4.3.3 钢丝绳芯输送带静载荷安全系数不小于7；棉织物芯输送带静载荷安全系数不小于8；其他织物芯输送带静载荷安全系数不小于10。

5.4.3.4 各种输送带的动载荷安全系数不小于3。

5.4.3.5 带式输送机应设如下安全保护装置：

——装料点和卸料点的空仓、满仓等的保护和报警装置，并与输送机联锁；

——输送带清扫装置；

——防止输送带撕裂、断带、跑偏等的保护装置；

——防止过速、过载、打滑、大块冲击等的保护装置；

——线路上的信号、电气联锁和紧急停车装置；

——可靠的制动装置；

——上行带式输送机防逆转装置。

5.4.3.6 带式输送机传动装置、拉紧装置周围应设安全围栏；输送机转载处应设防护罩和溜槽堵塞保护装置与报警装置。

5.4.3.7 采用带式输送机运输应遵守下列规定：

——无通廊的带式输送机两侧均应设置宽度不小于1.0 m的人行道；

——有通廊的带式输送机两侧应设人行道，经常行人侧的人行道宽度不小于1.0 m，另一侧不小于0.6 m；

——多条带式输送机并列布置时，相邻输送机之间应设置宽度不小于1.0 m的人行道。

5.4.3.8 平硐或者斜井内的带式输送机应采用阻燃型输送带。

5.4.4 斜坡提升

5.4.4.1 提升速度应符合下列规定：

——人车或者串车提升：斜坡长度不大于300 m时，不大于3.5 m/s；斜坡长度大于 300 m 时，不大于 5 m/s；

——箕斗提升：斜坡长度不大于 300 m 时，不大于 5 m/s；斜坡长度大于 300 m 时，不大于 7 m/s；

——人车或者串车通过甩车道的速度不大于 1.5 m/s。

5.4.4.2 提升加、减速度应符合下列规定：

——升降人员：不大于 0.5 m/s^2；

——升降物料：不大于 0.75 m/s^2。

5.4.4.3 斜坡提升应遵守下列规定：

——采用缠绕式提升机；

——提升机卷筒直径与钢丝绳直径之比不小于 60；

——钢丝绳在卷筒上缠绕的层数和卷筒端板高度符合 6.4.8.3、6.4.8.4 和 6.4.8.5 的规定；

——最大制动力矩和提升系统最大静力矩之比不小于 3；

——从提升机卷筒到天轮的钢丝绳弦长不超过 60 m。

5.4.4.4 提升钢丝绳安全系数应符合下列规定：

——专门提升物料的，不小于 6.5；

——提升人员的，不小于 9.0。

5.4.4.5 提升钢丝绳连接装置安全系数应满足 6.4.6.7 的规定。

5.4.4.6 提升钢丝绳检验和更换应遵守 6.4.7.1、6.4.7.2、6.4.7.4、6.4.7.5、6.4.7.6、6.4.7.7 和 6.4.7.9 的规定。

5.4.4.7 斜坡提升主电机应设短路及断电保护、过速保护、过负荷及无电压保护。斜坡提升系统应设提升容器过卷保护。

5.4.4.8 斜坡轨道与上部车场的连接处应设置阻车器，斜坡轨道线路上应设地辊，底部平车场应设置挡车装置。倾角大于 10°的斜坡提升轨道应设轨道防滑装置。轨道两侧应设宽度不小于 1.0 m 的人行道。人行道倾角为 10°～15°时应设人行踏步，15°～35°时应设踏步及扶手，大于 35°时应设梯子和扶手。

5.4.4.9 在斜坡轨道上进行检查或者维修工作时，应采取安全措施保证工作人员的安全。

5.4.5 架空索道运输

5.4.5.1 架空索道运输应遵守货运架空索道安全规范的规定。

5.4.5.2 索道线路经过厂区、居民区、铁路、道路时，应有安全防护措施。

5.4.5.3 索道线路与电力、通讯架空线路交叉时,应采取保护措施。

5.4.5.4 遇有八级或八级以上大风时,应停止索道运转和线路上的一切作业。

5.4.5.5 离地高度小于2.5 m的牵引索和站内设备的运转部分,应设安全罩或防护网。高出地面0.6 m以上的站房,应在站口设置安全栅栏。

5.4.5.6 驱动机应同时设置工作制动和紧急制动两套装置,其中任一套装置出现故障,均应停止运行。

5.4.5.7 索道各站都应设有专用的电话和音响信号装置,其中任一种出现故障,均应停止运行。

5.5 排土

5.5.1 排土场

5.5.1.1 排土场不应受洪水威胁或者由于上游汇水造成滑坡、塌方、泥石流等灾害。

5.5.1.2 排土场不应给采矿场、工业场地、居民区、铁路、公路和其他设施造成安全隐患。

5.5.1.3 排土场不应影响露天矿山边坡稳定,不应产生滚石、滑塌等危害。

5.5.1.4 排土场建设前应进行工程地质、水文地质勘查,并按照排土场稳定性要求处理地基。

5.5.1.5 排土场应设拦挡设施,堆置高度大于120 m的沟谷型排土场应在底部设置挡石坝。

5.5.1.6 内部排土场不应影响矿山正常开采和边坡稳定,排土场坡脚与开采作业点之间应留设安全距离,必要时设置滚石或泥石流拦挡设施。

5.5.1.7 排土场防洪应遵守下列规定:

——山坡排土场周围应修筑可靠的截、排水设施;
——山坡排土场内的平台应设置2%~5%的反坡,并在靠近山坡处修筑排水沟;
——排土场范围内有出水点的,应在排土之前进行处理;
——疏浚排土场外截洪沟和排土场内的排水沟,确保排洪设施可以正常工作;
——及时了解和掌握水情以及气象预报情况,保证排土场、下游泥石流拦挡坝和通信、供电、照明线路的安全;

——洪水过后立即对排土场和排洪设施进行检查，发现问题立即处理。

5.5.1.8 矿山应制定针对排土场滑坡、泥石流等事故的应急预案。

5.5.2 排土作业

5.5.2.1 矿山企业应设专职人员负责排土场的安全管理工作。

5.5.2.2 排土作业应按经过批准的安全设施设计进行。

5.5.2.3 排土作业区应符合下列要求：

——有良好的照明；

——配备通信工具；

——设置醒目的安全警示标志。

5.5.2.4 汽车排土应遵守下列规定：

——排土平台应平整，排土线应整体均衡推进；

——在排土卸载平台边缘设置安全车挡，车挡高度不小于车轮轮胎直径的1/2，顶宽不小于车轮轮胎直径的1/4，底宽不小于车轮轮胎直径的3/4；

——由经过培训考核合格的人员指挥；

——进入作业区内的人员、车辆服从指挥；非作业人员未经允许不得进入排土作业区；无关人员不得进入；

——汽车与排土工作面距离小于200 m时，车速不大于16 km/h；与坡顶线距离小于50 m时，车速不大于8 km/h；

——重车卸载时的倒车速度不大于5 km/h；

——能见度小于30 m时停止排土作业。

5.5.2.5 铁路列车排土应遵守下列规定：

——路基面向排土场内侧形成反坡；

——准轨铁路平曲线半径不小于200 m，并设置外轨超高保证安全；

——窄轨铁路平曲线半径：600 mm轨距时，不小于50 m；大于600 mm轨距时，不小于100 m；

——线路尽头前的一个列车长度内，形成2.5‰~5‰的上升坡度；

——卸车线路中心线至台阶坡顶线的距离：准轨线路不小于2 m；窄轨线路不小于1 m；

——卸载线端部设置车挡和带有夜光的拦挡警示牌；

——排土作业点设置清晰的带有夜光的停车标志；

——列车进入排土线后由专人指挥运行；列车以推送方式进入卸车线，从列车尾部向机车方向依次卸车；

——准轨列车运行速度不大于 10 km/h；窄轨列车运行速度不大于 8 km/h；接近路端时，不大于 5 km/h；

——排土人员发出卸车完毕信号后，列车方可驶出排土线。

5.5.2.6 排土机排土应遵守下列规定：

——排土机在稳定的平盘上作业；

——排土机移设时，受料臂、排料臂升起并固定，且与行走方向成一直线，上坡时不转弯；

——排土机与排土场坡顶线的距离符合设备安全要求。

5.5.2.7 推土机作业应遵守下列规定：

——推土机作业的工作面坡度符合设备要求；

——刮板不超出平台边缘；

——距离平台边缘小于 5 m 时，推土机低速运行；

——推土机不后退开向平台边缘；

——不在排土平台边缘沿平行坡顶线方向推土；

——人员不站在推土机上；

——司机不离开驾驶室。

5.5.2.8 推土机牵引其他设备时应遵守下列规定：

——被牵引设备带有制动系统，并有人操纵；

——下坡时不用绳索牵引；

——行走速度不大于 5 km/h；

——有专人指挥。

5.5.2.9 应在平整的地面上维修推土机。维修刮板时，应将其放稳在垫板上，并关闭发动机。

5.5.3 排土场检查与监测

5.5.3.1 排土场应进行下列安全检查：

——排土场台阶高度、排土线长度；

——排土场的反坡坡度，每 100 m 检查剖面不少于 2 个；

——排土场边缘的汽车车挡尺寸；

——铁路排土的线路坡度和曲线半径；

——排土机排土时履带与台阶坡顶线之间的距离;
——截排水系统、拦挡坝的完好情况及淤储空间情况。

发现拦挡坝淤储空间不足,排土场出现不均匀沉降、裂缝、隆起时,应查明情况、分析原因并及时处理。

5.5.3.2 矿山企业应建立排土场边坡稳定监测制度,边坡高度超过200 m的,应设边坡稳定监测系统,防止发生泥石流和滑坡。

5.6 电气设施

5.6.1 供电系统

5.6.1.1 主变电所设置应符合下列规定:
——设置在爆破警戒线以外;
——距离准轨铁路不小于40 m;
——远离污秽及火灾、爆炸危险环境和噪声、震动环境;
——避开断层、滑坡、沉陷区等不良地质地带以及受雪崩影响地带;
——地面标高应高于当地最高洪水位0.5 m以上。

5.6.1.2 主变电所主变压器设置应遵守以下规定:
——矿山一级负荷的两个电源均需经主变压器变压时,应采用2台变压器;
——主变压器为2台及以上时,若其中1台停止运行,其余变压器应至少保证一级负荷的供电。

5.6.1.3 采矿场和排土场的手持式电气设备的电压不大于220 V。

5.6.1.4 采矿场采用双回路供电时,每回路供电能力应均能供全负荷;采用三回路供电时,每个回路的供电能力不应小于全部负荷的50%。

5.6.1.5 供配电系统中性点接地应符合下列规定:
——向露天采场、排土场供电的6 kV~35 kV系统,不得采用中性点直接接地方式;
——当6 kV~35 kV系统中性点采用不接地、经消弧线圈接地或高电阻接地时,单相接地故障点的电流不应大于10 A;
——当6 kV~35 kV系统中性点经低电阻接地时,单相接地故障点的电流不大于200 A;
——低压配电系统为IT系统时应装设绝缘监视装置。

5.6.1.6 露天采场、排土场的架空供电线路上设置开关设备时,应符合下列规定:

——环形或半环形线路的出口和联络处设置分段开关；

——横跨线或纵架线与环形线、半环形线或其他地面固定干线连接处设置开关；

——高压电气设备或移动式变电站与横跨线或纵架线连接处设置开关；

——移动式高压电力设备的供电线路设置具有单相接地保护的开关设备。

5.6.1.7 露天矿户外安装的电气设备应采用户外型电气设备；室外配电装置的裸露导体应有安全防护，当电气设备外绝缘体最低部位距地小于 2500 mm 时，应装设固定遮栏；高压设备周围应设置围栏；露天或半露天变电所的变压器四周应设高度不低于 1.8 m 的固定围栏或围墙。

5.6.1.8 固定式高压架空电力线路不应架设在爆破作业区和未稳定的排土区内。

5.6.1.9 移动式电气设备应使用矿用橡套软电缆。

5.6.2 牵引网络

5.6.2.1 移动式直流牵引网的接触线应采用铜电车线。

5.6.2.2 接触网应装设分区绝缘器或锚段关节，并应用分区开关联络。

5.6.2.3 接触网应在下列区域单独分段：

——装卸作业线路；

——检查机车线路；

——机车库内线路；

——专用线路；

——移动式线路；

——运送人员的站台线路；

——区间与站场之间的线路；

——平硐口内、外的线路；

——其他需要分段的线路。

5.6.2.4 装卸作业线路、检查机车的线路以及其他需要安全作业的线路，接触网的分段应采用带接地刀闸的分区开关。

5.6.2.5 窄轨铁路接触网电杆外缘与机车及车辆边缘的净距不应小于 0.7 m。准轨铁路接触网电杆外缘与铁路中心线的距离不应小于表 2 规定的数值。

5.6.2.6 软横跨时电杆外缘与铁路中心线的距离，不小于表 2 中规定的数值。

表2 准轨铁路接触网电杆外缘与铁路中心线的距离

单位为米

电杆位置	曲线半径							
	200	300	400	500	600	1 000	1 500	1 500
曲线外侧	2.80	2.70	2.60	2.50	2.50	2.50	2.44	2.44
曲线内侧	3.10	3.00	2.80	2.60	2.60	2.60	2.50	2.44
软横跨时	3.10	3.00						

5.6.2.7 牵引网及受电弓带电部分与桥梁、平硐、巷道、管道等接地部分的安全净距不小于0.2 m。

5.6.2.8 有爆炸危险场所的轨道不应作回流导体。不准许用于回流的钢轨应装设两处可靠的轨道绝缘：第一绝缘点应设在分界处；第二绝缘点应设在爆炸危险场所以外；两个绝缘点的距离应大于一列车的长度。

5.6.2.9 采用电引爆爆破时不得将通向爆破区的轨道作为回流导体，并应采取在爆破期间内能断开轨道电流的安全措施。

5.6.2.10 牵引变电所直流750 V及以上的出线开关，应采用直流快速开关。

5.6.2.11 牵引变电所直流快速开关和空气断路器脱扣器的瞬时动作电流整定值应符合下列规定：

——当采用直流快速开关时，瞬时动作电流整定值不应小于线路上经常出现的短时最大负荷电流的1.3倍，不应大于线路上最小短路电流的0.77倍；

——当采用空气断路器时，瞬时动作电流整定值不应小于线路上经常出现的短时最大负荷电流的1.25倍，不应大于线路上最小短路电流的0.8倍。

5.6.2.12 标准轨距铁路牵引变电所每段母线上的整流装置和直流配电装置，应设置直流接地速断保护；发生接地故障时，保护装置应立即断开该段母线上所有整流设备的电源。

5.6.3 照明

5.6.3.1 夜间工作时，下列地点应设照明装置：

——空气压缩机和水泵的工作地点；

——带式输送机、斜坡提升线路以及相应的人行梯或人行道；

——汽车装载处、排土场、卸车线；

——调车站、会让站。

5.6.3.2 照明电压应符合下列规定：

——固定式照明灯具：不高于 220 V；

——行灯或移动式灯具：不高于 36 V，并经安全隔离变压器供电；

——在金属容器内或者潮湿地点作业时，不高于 12 V。

5.6.3.3 下列场所应设置应急照明：

——变配电所；

——监控室、生产调度室、通信站和网络中心；

——矿山救护值班室。

5.6.3.4 移动式非架空照明线路应采用橡套软电缆。

5.6.4 防雷及接地保护

5.6.4.1 采场架空线路的下列位置应装设避雷装置：

——采场供电线路与横跨线或纵架线的连接处；

——多雷地区的高压设备进线电缆与横跨线或纵架线的连接处；

——排土场高压设备进线电缆与架空线的连接处。

5.6.4.2 地面牵引网的下列位置应装设避雷装置：

——馈电线与接触线连接处；

——机车库进口处；

——运输平硐硐口；

——线路上每个独立区段内。

5.6.4.3 地面直流牵引变电所母线上应装设直流避雷装置；750 V 及以上或多雷地区的地面牵引变电所，应在每回出线装设直流避雷装置。

5.6.4.4 电气设备接地应符合下列规定：

——高、低压电气设备，应设保护接地；

——各接地线应并联；

——架空线路无分支的部分，应每 1 km～2 km 接地 1 次；

——架空接地线截面积不小于 35 mm^2；接地线设在配电线路最下层导线的下方，与导线任一点的距离应不小于 0.5 m；

——移动式电气设备应采用矿用橡套软电缆的专用接地芯线接地；

——应对拖曳电缆的接地保护芯线进行电气连续性监测；

——牵引变电所整流装置、直流配电装置的金属外壳均应接地；在接地电流流经直流接地继电器前的全部直流接地母线、支线应与地绝缘，且不应与交流设备的接地母线、建筑物的钢筋、金属构件等有金属连接。

5.6.4.5 主接地极应符合下列规定：
——采场的主接地极不少于2组；
——任一组主接地极断开后，在架空接地线上任一点测得的对地电阻不大于4 Ω；
——移动设备与架空接地线之间的接地电阻不大于1 Ω；
——牵引变电所接地装置的接地电阻：直流电压1 kV及以上的不大于0.5 Ω；
——直流电压1 kV以下的地面牵引变电所，不大于4 Ω。

5.6.5 运行、检查和维修

5.6.5.1 矿山应建立电气作业安全制度，规定工作票、工作许可、监护、间断、转移和终结等工作程序。电气作业应遵守下列规定：
——电气设备和线路的操作维修应由专职电气工作人员进行，严禁非电气专业人员从事电气作业；
——不应单人作业；
——未经许可不得操作、移动和恢复电气设备；
——紧急情况下可以为切断电源而操作电气设备；
——停电检修时，所有已切断的电源的开关把手均应加锁，并验电、放电、将线路接地，悬挂"有人作业，禁止送电"的警示牌；只有执行这项工作的人员才有权取下警示牌并送电；
——不应带电检修或搬动任何带电设备和电缆、电线；检修或搬动时，应先切断电源，并将导体完全放电和接地；
——移动设备司机离开时应切断设备电源；
——接地电阻应每年测定1次，测定工作应在该地区最干燥、地下水位最低的季节进行。

5.6.5.2 主变电所应符合下列规定：
——有防雷、防火、防潮措施；
——有防止小动物窜入的措施；
——有防止电缆燃烧的措施；

——所有电气设备正常不带电的金属外壳应有保护接地；
——带电的导线、设备、变压器、油开关附近不应有易燃易爆物品；
——电气设备周围应有保护措施并设置警示标志。

5.6.5.3 电气室内的各种电气设备控制装置上应注明编号和用途，并有停送电标志；电气室入口应悬挂"非工作人员禁止入内"的标志牌，高压电气设备应悬挂"高压危险"的标志牌，并应有照明。

5.6.5.4 操作电气设备应遵守下列规定：
——非值班人员不应操作电气设备；
——手持式电气设备应有可靠的绝缘；
——操作高压电气设备回路的工作人员应佩戴绝缘手套、穿电工绝缘靴或站在绝缘台、绝缘垫上；
——装卸高压熔断器应佩戴护目眼镜；
——雨天操作户外高压设备应使用带防雨罩的绝缘棒；
——不应使用金属梯子。

5.6.5.5 电气保护装置检验应遵守下列规定：
——使用前应进行检验；
——在用设备每年至少检验1次；
——漏电保护装置每半年至少检验1次；
——线路变动、负荷调整时应进行检验；
——应做好检验记录并存档。

5.6.5.6 雷雨天气巡视室外高压设备应穿绝缘靴，不应使用伞具，不应靠近避雷装置。

5.6.5.7 高压变配电设备和线路的停送电作业及检修应遵守下列规定：
——应指定专人负责停、送电作业，作业时应有专人监护；
——申请停、送电时，应执行工作票制度；
——断电作业时，应进行验电、放电，并设置三相短路接地线；供电线路的电源开关应加锁或设专人看护，并悬挂"有人作业，不准送电"的警示牌；
——确认所有作业完毕后再摘除接地线和警示牌；
——由负责人检查无误后再通知调度恢复送电；
——值班人员应做好停送电记录。

5.6.5.8 架空绝缘导线维护作业应遵守下列规定：

——不应直接接触或接近架空绝缘导线；

——应在架空绝缘导线的分段或联络开关两侧、分支杆受电侧、电缆引下杆受电侧的适当位置设立验电接地环或其他验电接地装置；

——不应穿越未停电接地的绝缘导线；

——断开或接入绝缘导线前应采取防感应电的措施。

5.6.5.9 在供电线路上带电作业应采取可靠的安全措施，并经矿山企业主要负责人批准。

5.6.5.10 架空线下不应停放设备，不应堆置物料。

5.6.5.11 敷设橡套电缆应遵守下列规定：

——电缆线路应避开水仓和可能出现滑坡的地段；

——跨台阶敷设电缆应避开有浮石、裂缝等的地段；

——电缆穿越铁路、公路时，应采取保护措施；

——高压电缆使用前应进行绝缘试验。

5.6.5.12 橡套电缆的接头应采用焊接或熔焊芯线连接，或采用矿山专用插接件连接。接头的外层采用硫化热补法、冷补胶法或者绝缘胶带等补接。

5.6.5.13 移动带电电缆前，应检查、确认电缆无破损，并佩戴好绝缘防护用品。绝缘损坏的橡套电缆，经修理、试验合格后方准使用。

5.6.5.14 使用电缆应遵守下列规定：

——高压电缆修复后，应进行绝缘试验再使用；

——运行的高压电缆每年雷雨季节前应进行预防性试验；

——电缆接头的强度、导电性能和绝缘性能应满足要求；

——不应带电插拔移动式高压软电缆连接器；

——沿地面敷设的、向移动设备供电的橡套电缆中间不应有接头；应采取措施避免电缆被移动设备损坏。

5.7 防排水与防灭火

5.7.1 防排水

5.7.1.1 露天矿山应建立水文地质资料档案；有洪水或地下水威胁的应设置防、排水机构；水文地质条件复杂或有洪水淹没危险的应配备专职水文地质人员。

5.7.1.2 露天采场的总出入沟口、平硐口、排水口和工业场地应不受洪水威胁。

5.7.1.3 露天矿山应采取下列措施保证采场安全：

——在采场边坡台阶设置排水沟；

——地下水影响露天采场的安全生产时，应采取疏干等防治措施。

5.7.1.4 露天矿山应按照下列要求建立防排水系统：

——受洪水威胁的露天采场应设置地面防洪工程；

——不具备自然外排条件的山坡露天矿，境界外应设截水沟排水；

——凹陷露天坑应设机械排水或自流排水设施；

——遇设计防洪频率的暴雨时，最低台阶淹没时间不应超过 7 d，淹没前应撤出人员和重要设备。

5.7.1.5 机械排水设施应符合下列规定：

——应设工作水泵和备用水泵；工作水泵应能在 20 h 内排出一昼夜正常涌水量，全部水泵应能在 20 h 内排出一昼夜的设计最大排水量；

——应设工作排水管路和备用排水管路；工作排水管路应能配合工作水泵在 20 h 内排出一昼夜正常涌水量；全部排水管路应能配合工作水泵和备用水泵在 20 h 内排出一昼夜的设计最大排水量；任意一条排水管路检修时，其他排水管路应能完成正常排水任务。

5.7.2 防火和灭火

5.7.2.1 矿山建构筑物应建立消防设施，设置消防器材。

5.7.2.2 露天矿用设备应配备灭火器。

5.7.2.3 设备加油时严禁吸烟和明火。

5.7.2.4 露天矿用设备上严禁存放汽油和其他易燃易爆品。

5.7.2.5 严禁用汽油擦洗设备。

5.7.2.6 易燃易爆物品不应放在轨道接头、电缆接头或接地极附近。废弃的油料、棉纱和易燃物应妥善管理。

5.7.2.7 木材场、防护用品仓库、爆破器材库、氢和乙炔瓶库、石油液化气站和油库等重要场所，应建立防火制度，采取防火、防爆措施，备足消防器材。

6 地下矿山

6.1 基本规定

6.1.1 安全出口

6.1.1.1 矿井的安全出口应符合下列规定：

——每个矿井至少应有两个相互独立、间距不小于30 m、直达地面的安全出口；矿体一翼走向长度超过1000 m时，此翼应有安全出口；
——每个生产水平或中段至少应有两个便于行人的安全出口，并应同通往地面的安全出口相通；
——井巷的分道口应有路标，注明其所在地点及通往地面出口的方向；
——安全出口应定期检查，保证其处于良好状态。

6.1.1.2 井下生产作业人员均应熟悉安全出口。

6.1.1.3 作为主要安全出口的罐笼提升井，应装备2套相互独立的提升系统，或装备1套提升系统并设置梯子间。当矿井的安全出口均为竖井时，至少有一条竖井中应装备梯子间。

6.1.1.4 作为应急安全出口的竖井应设应急提升设施或者梯子间。深度超过300 m的井筒设置梯子间时，应在井筒无马头门段设置与梯子间相通的休息硐室。休息硐室间距不大于150 m。硐室宽度不小于1.5 m，深度不小于2.0 m，高度不小于2.1 m。

6.1.1.5 用于提升人员的罐笼提升系统和矿用电梯应采用双回路供电。

6.1.1.6 井下存在跑矿危险的作业点，应设置确保人员安全撤离的通道。

6.1.2 露天转地下开采

露天开采转地下开采时，应考虑露天边坡稳定性以及可能产生的泥石流对地下开采的影响。地下开采时的矿山排水设计应考虑露天坑汇水影响。

6.1.3 联合开采

6.1.3.1 露天与地下同时开采时，应合理安排露天与地下各采区的回采顺序，避免相互影响。

6.1.3.2 露天与井下同时爆破对安全有影响时，不应同时爆破。爆破前应通知对方撤出危险区域内的人员。

6.1.4 作业安全

6.1.4.1 采用凿岩爆破法掘进应遵守下列规定：
——采取湿式凿岩、爆破喷雾、装岩洒水和净化风流等综合防尘措施；
——在遇水膨胀、强度降低的岩层中掘进不能采用湿式凿岩时，可采用干式凿岩，但应采取降尘措施，作业人员应佩戴防尘保护用品；

——装药爆破前应设置安全警戒标识线；

——爆破通风后经检查、处理浮石，确认安全后方可进入工作面作业。

6.1.4.2 在有岩爆危险的区段作业应遵守下列规定：

——制定监测地压、预防岩爆的技术措施；

——编制专门的施工安全技术措施；

——对作业人员进行培训。

6.1.4.3 在高温地层中作业应遵守下列规定：

——采取降温及人员防护的措施；

——湿球温度超过30 ℃时，应停止作业；

——采取防止民用爆炸物品自燃、早爆的预防措施。

6.1.4.4 在强含水层及高水压地层中作业应遵守下列规定：

——边探边掘：打钻孔超前探水，每次钻孔数量不少于4个；钻孔深度在竖井中不小于40 m，在平巷中不小于10 m；

——编制防治水技术方案；

——施工前应制定专门的施工安全技术措施。

6.1.4.5 天井、溜井、漏斗口等存在人员坠落可能的地方，应设警示标志、照明设施、护栏、安全网或格筛。

6.1.4.6 在竖井、天井、溜井和漏斗口上方，或在坠落基准面2 m以上作业，有发生坠落危险的，应设安全网等防护设施，作业人员应佩戴安全带。作业时，不应抛掷物件，不应上下层同时作业，并应设专人监护。

6.1.4.7 操作距地面或平台面2 m以上的设备或阀门时，应有固定平台和梯子。平台及通道边缘应设置高度不小于1.2 m的安全护栏，并有足够的照明。平台、通道和梯子踏板应采取可靠的防滑措施。

6.1.4.8 作业前应认真检查作业地点的安全情况，发现严重危及人身安全的征兆时，应迅速撤出危险区、设置禁止人员和车辆通行的警戒标志和照明、报告矿有关部门及时处理。处理结果应记录存档。

6.1.4.9 进入采掘工作面的每个班组都应携带气体检测仪，随时监测有毒有害气体。

6.1.5 排土场

地下矿山排土场、排土作业和排土场检查与监测应遵守5.5的相关规定。

6.2 矿山井巷

6.2.1 一般规定

6.2.1.1 井巷工程施工应按施工组织设计进行。

6.2.1.2 井巷工程穿过软岩、流砂、淤泥、砂砾、破碎带、老窿、溶洞或较大含水层等不良地层时，施工前应制定专门的施工安全技术措施。

6.2.2 竖井掘进

6.2.2.1 表土层掘进应遵守下列规定：
— 施工前应制定专门的施工安全技术措施；
— 井筒内应设梯子，不应用简易提升设施升降人员；
— 在含水表土层施工时，应采取降低水位、防止井壁砂土流失导致空帮的技术措施；
— 采用井圈或其他临时支护时，临时支护应安全可靠、紧靠工作面，并及时进行永久支护；在进行永久支护前，每班应派专人观测地面沉降和临时支护后面的井帮变化情况；发现危险预兆时，立即停止工作，撤出人员，进行处理。

6.2.2.2 竖井施工时应采取措施防止坠物，并应遵守下列规定：
— 井口应设置带井盖门的临时封口盘，井盖门两端应安装栅栏；封口盘和井盖门的结构应坚固严密；
— 卸碴设施应严密，不允许向井下漏碴、漏水；
— 井口周围应设围栏，人员进出地点应设栅栏门；
— 井筒内作业人员携带的工具、材料，应拴绑牢固或置于工具袋内；
— 不应向井筒内掷物。

6.2.2.3 竖井施工采用吊盘应遵守下列规定：
— 吊盘不少于两层；
— 吊盘悬挂应平稳牢固，吊盘周边应均匀布置至少4个悬挂点；
— 吊盘绳兼做稳绳时，应定期涂油并及时维护，每周至少检查1次稳绳磨损情况；
— 滑架上的滑套应采用低硬度耐磨材料制作；
— 升降吊盘之前应严格检查绞车、悬吊钢丝绳及信号装置，撤出吊盘下的所有作业人员；

——移动吊盘应有专人指挥；移动完毕应固定吊盘，并将吊盘与井壁之间的空隙盖严；经检查，确认可靠后方准作业。

6.2.2.4 进行下列作业的人员应佩戴安全带，且安全带一端应正确固定：
——拆除保护岩柱或保护台；
——在井筒内或井架上安装、维修或拆除设备；
——在井筒内处理悬吊设备、管、缆，或在吊盘上进行作业；
——乘坐吊桶；
——爆破后到井圈上清理浮石；
——井筒施工时的吊泵作业；
——在中段井口进行支护、锁口作业。

6.2.2.5 吊桶提升应遵守下列规定：
——关闭井盖门之前不应装卸吊桶或往钩头上系扎工具或材料；
——吊桶上方应设坚固的保护伞；
——井盖门应有自动启闭装置；
——井架上应有防止吊桶过卷的装置，悬挂吊桶的钢丝绳应有稳绳装置；
——吊桶内的岩碴应低于桶口边缘0.1 m以上，装入桶内的长材料应牢固固定在吊桶梁上；
——吊桶运行通道周围不应有未固定的悬吊物；
——吊桶应沿导向钢丝绳升降；竖井开凿初期无导向绳时，或处于吊盘下面无导向绳部分时，吊桶的无导向升降距离不超过40 m；
——吊桶上的关键部件应每班检查1次；
——装有物料的吊桶不应乘人；不应用自动翻转式或底卸式吊桶升降人员；抢救伤员除外；
——乘坐吊桶人员人均占有有效面积不小于$0.2\ m^2$；
——乘桶人员应面向桶外，不应坐在或站在吊桶边缘；
——井口出车平台的井盖门关闭、吊桶停稳后，人员才能进出吊桶；
——井口、吊盘和井底工作面，均应有良好的信号装置。

6.2.2.6 抓岩机出碴应遵守下列规定：
——作业前详细检查抓岩机各部件和悬吊钢丝绳；
——爆破后，工作面应经过通风、洒水、处理浮石、清扫井圈和处理盲炮，才能进行抓岩作业；
——不应抓取超过抓岩机能力的大块岩石；

——抓岩机卸岩时，严禁人员站在吊桶附近；

——不应用手从抓岩机抓片下取岩块；

——升降抓岩机应有专人指挥；

——临时停用时，应用绞车将抓岩机提升到安全高度。

6.2.2.7 竖井施工时应设悬挂式金属安全梯。安全梯应有电动绞车和手动绞车，电动绞车能力不小于 5 t。悬吊安全梯的绞车具备电动和手动两种功能时，可不另设手动绞车。

6.2.2.8 井筒内各作业地点均应设通达井口的独立的声、光信号系统和通信装置。掘进与砌壁平行作业时，从吊盘和掘进工作面发出的信号应有明显区别，并指定专人负责信号工作。应由井口信号工负责与卷扬机房和井筒工作面联系。

6.2.2.9 井筒延深时，应设坚固的保护盘或在井底水窝下留保安岩柱，将井筒的延深部分与上部作业部分隔开。破除岩柱或拆除保护盘时应进行专门的施工设计，并经矿山企业主要负责人批准方可施工。

6.2.2.10 井底工作面、吊盘、井口和卸碴台等，均应设视频监视系统，数据储存时间不少于 24 h。

6.2.2.11 冻结法凿井应遵守下列规定：

——冻结深度应延深至稳定基岩以下至少 10 m；

——钻进冻结孔时应测定钻孔的方向和偏斜度，并绘制冻结孔实际偏斜平面位置图，测斜的间隔不超过 30 m；偏斜度超过规定时应及时纠正；钻孔偏斜影响冻结效果时，应补孔；

——地质检查钻孔不应打在冻结的井筒内；水文观测钻孔偏斜不得超出井筒，深度不应超过冻结段下部隔水层；

——冻结管下放到钻孔后应进行试漏，发现异常应及时处理；

——确认冻结壁已交圈后方可进行试挖；冻结和凿井过程中，应经常检查盐水温度和流量、井帮温度和位移，以及井帮和工作面渗漏盐水等情况；检查应有详细记录，发现异常应及时处理；

——掘进过程中应有防止冻结壁变形、片帮、掉石、断管等安全措施；

——生根壁座应设在含水较少的稳定、坚硬的基岩中；

——在永久井壁施工全部完成前不应停止冻结；

——预留梁窝应有防止漏水的措施；

——冻结结束后应及时将全孔或冻结管用水泥砂浆或混凝土充满填实；

——冻结站应用不燃性材料建筑，并应有通风装置，氨的浓度不应超过

0.004%；站内严禁烟火，并应备有急救和消防器材；
——氨瓶和氨罐应经过试验，合格后方准使用；在运输、使用和存放期间，应有安全措施。

6.2.2.12 地面或工作面预注浆法凿井应遵守下列规定：
——应编制注浆工程设计；
——注浆段长度应大于注浆的含水岩层的厚度，并深入不透水岩层5 m～10 m；设计井底位置在注浆的含水岩层内时，注浆深度应比井筒深10 m以上；
——地面预注浆的钻孔偏斜率不得超过0.5%，每钻进40 m应测斜1次；
——注浆站设在地面时，井上、下应有可靠的通信联系；
——孔口管应按设计孔位埋设牢固，并安设高压阀门；注浆前，应对止浆垫和孔口管进行耐压试验，试验压力应大于注浆压力1 MPa；
——注浆前应进行注浆泵和输送管路系统的耐压试验，试验压力应达到最大注浆压力的1.5倍，试验时间不小于15 min；
——注浆压力突然上升时，应停泵卸压，查明原因并进行处理；
——每次注浆后，应至少停歇30 min，方可提拔止浆塞；
——工作面预注浆应设置止浆岩帽或混凝土止浆垫；混凝土止浆垫由井壁支承时，应确认井壁安全性；
——注浆结束后，应检查注浆效果，合格后方可开凿井筒；
——制浆和注浆的工作人员应佩戴防护眼镜和口罩，水泥搅拌房内应采取防尘措施。

6.2.2.13 钻井法凿井应遵守下列规定：
——钻井的底部应深入不透水的稳定基岩5 m以上；
——井口应有可靠的防坠措施；
——井筒内的护壁泥浆面应高于地下静止水位；
——钻井时应测定井筒的偏斜度，偏斜超过规定时应及时纠正；钻井完毕后，应绘制井筒的纵、横剖面图，井筒中心线和截面应符合设计要求；
——应逐节检查鉴定预制井壁的质量；井壁连接部位应有可靠的防腐蚀和防水措施；
——井壁下沉完成后，应检查井壁偏斜度；符合要求后方可进行壁后充填；壁后充填应密实，充填材料应满足强度和凝固时间的要求，并能够置换出泥浆；

——开凿沉井井壁的底部或马头门之前,应检查破壁处及其上方 15 m～30 m 范围内的壁后充填质量,不合格时应采取可靠的补救措施。

6.2.3 竖井安全要求

6.2.3.1 提升容器之间以及提升容器与井壁、罐道梁、井梁之间的最小间隙,应符合表 3 规定。

表 3 提升容器之间以及提升容器最突出部分和井壁、罐道梁、井梁之间的最小间隙

单位为毫米

罐道和井梁布置		容器和容器之间	容器和井壁之间	容器和罐道梁之间	容器和井梁之间	备注
罐道布置在容器一侧		200	150	40	150	罐道和导向槽之间为 20
罐道布置在容器两侧	木罐道	—	200	50	200	有卸载轮的容器,卸载轮和罐道梁间隙增加 25
	钢罐道	—	150	40	150	
罐道布置在罐笼两端	木罐道	200	200	50	200	
	钢罐道	200	150	40	150	
钢丝绳罐道(静态间隙)	$H < 800$ m	450	350	—	350	设防撞绳时,容器之间最小间隙为 200 mm;罐道间隙计算值向上一级圆整,级差 10 mm;H—井筒深度,单位为米(m)
	$800\ \text{m} \leqslant H < 1\ 400\ \text{m}$	$450+(H-800)/3$	$350+(H-800)/6$	—	$350+(H-800)/6$	
	$H \geqslant 1\ 400$ m	$550+(H-800)/5$	$450+(H-800)/10$	—	$450+(H-800)/10$	

6.2.3.2 凿井时,两个提升容器的钢丝绳罐道之间的间隙不小于 $250+H/3$(H 为井筒深度,单位为 m)mm,且应不小于 300 mm。

6.2.3.3 竖井梯子间应符合下列规定:
——梯子倾角不大于 80°;
——相邻的两个梯子平台的垂直距离不大于 8 m,平台应防滑;
——平台梯子孔的尺寸不小于 0.7 m×0.6 m;
——梯子上端应高出平台 1 m,下端距井壁不小于 0.6 m;
——梯子宽度不小于 0.4 m,梯蹬间距不大于 0.3 m;

——梯子间周围应设防护栏栅；

——梯子间不应采用可燃性材料。

6.2.3.4 罐笼提升竖井与各水平的连接处应设置下列设施：

——足够的照明及视频监视装置；

——通往罐笼间的进出口设常闭安全门，安全门只应在人员或车辆通过时打开；

——井口周围应设置高度不小于1.5 m的防护栏杆或金属网；

——候罐平台等应设梯子和高度不小于1.2 m的防护栏杆；

——铺设轨道时设置阻车器；

——井筒两侧的马头门应有人行绕道连通。

6.2.3.5 其他竖井应设置：

——梯子间出口与各水平之间应设人行通道；通道应设防护栏杆，栏杆高度不小于1.2 m；通道入口处应设栅栏门；

——禁止人员通行或接近的井口应设置栅栏和明显的警示标志。

6.2.4 斜井、斜坡道、平巷掘进

6.2.4.1 地表部分开口应严格按照设计施工，并及时支护和砌筑挡墙。

6.2.4.2 出碴之前应检查和处理工作面顶、帮的浮石；在斜井中移动耙斗装岩机时下方不应有人。

6.2.4.3 采用有轨设备施工斜井时应遵守下列规定：

——井口应设阻车器，并与提升系统连锁或者由专人控制；

——井口及掘进工作面上方均应设保险杠，并由专人控制，工作面上方的保险杠应随工作面的推进而移动；

——斜井内人行道一侧应设躲避硐室，其间隔不大于50 m；

——井下设电话和声、光信号装置。

6.2.4.4 采用无轨设备施工应遵守6.3.4的规定。

6.2.5 水平和倾斜井巷安全要求

6.2.5.1 行人的有轨运输巷道应设高度不小于1.9 m的人行道，人行道宽度不小于0.8 m；机车、车辆高度超过1.7 m时，人行道宽度不小于1.0 m。

6.2.5.2 调车场、人员乘车场、井底车场矿车摘挂钩处两侧应各设一条人行道，有效净高不小于1.9 m，人行道宽度不小于1.0 m。

6.2.5.3 行人的提升斜井应设人行道；提升容器运行通道与人行道之间未设坚固的隔离设施的，提升时不应有人员通行。

6.2.5.4 提升斜井的人行道应符合下列要求：
— 宽度不小于 1.0 m；
— 高度不小于 1.9 m；
— 斜井倾角为 10°~15°时，设人行踏步；15°~35°时，设踏步及扶手；大于 35°时，设梯子和扶手。

6.2.5.5 斜井内的带式输送机的一侧应设检修道，检修道宽度不小于 1.0 m；输送机另一侧到斜井侧壁的宽度不小于 0.6 m。当检修运输道和人行道合并时，应设躲避硐室，其间距不大于 50 m。

6.2.5.6 行人的无轨运输巷道和斜坡道应按下列要求设置人行道或躲避硐室：
— 人行道的高度不小于 1.9 m，宽度不小于 1.2 m；
— 躲避硐室的高度不小于 1.9 m，深度和宽度均不小于 1.0 m；
— 躲避硐室间距：曲线段不超过 15 m，直线段不超过 50 m；
— 躲避硐室应有明显的标志，并保持干净、无障碍物。

6.2.5.7 在水平巷道、斜井和斜坡道中，运输设备之间、运输设备与巷道壁或者巷道内设施之间的间隙，应符合下列规定：
— 有轨运输不小于 0.3 m；
— 无轨运输不小于 0.6 m。

6.2.6 天井、溜井掘进

6.2.6.1 采用普通法掘进天井、溜井应遵守下列规定：
— 架设的工作台应牢固可靠；
— 及时设置安全可靠的支护棚，工作面至支护棚的距离不大于 6 m；
— 掘进高度超过 7 m 时应有装备完好的梯子间和溜碴间等设施，梯子间和溜碴间用隔板隔开；上部有护棚的梯子可视作梯子间；
— 天井掘进到距上部巷道约 7 m 时，测量人员应给出贯通位置，并在上部巷道设置警示标志和警戒围栏；
— 溜碴间应保留不少于 1 次爆破的矿岩量，不应放空。

6.2.6.2 吊罐法掘进天井应遵守下列规定：
— 上罐前应检查吊罐各部件的连接装置、保护盖板、钢丝绳、风水管接头，以及声光信号系统和通信设施等是否完善、牢固，如有损坏或故障，经处理可正常使用后方准作业；
——吊罐提升钢丝绳的安全系数不小于13，任何一个捻距内的断丝数不超过钢丝总数的5%，磨损不超过原直径的10%；
——吊罐应装设可由罐内人员控制的信号装置；
——电缆不应和吊罐钢丝绳设在一个吊罐孔内；
——升降吊罐时应认真处理卡帮和浮石；
——作业人员应系好安全带，并站在保护盖板下，头部不应接触罐盖和罐壁；升降完毕应立即切断吊罐绞车电源，绑紧制动装置；
——不应从吊罐上往下投掷工具或材料；
——天井中心孔偏斜率不大于0.5%；
——吊罐绞车应锁在短轨上，并与巷道钢轨断开；
——检修吊罐应在安全地点进行；
——天井与上部巷道贯通时，应加强上部巷道的通风和警戒。

6.2.6.3 用爬罐法掘进天井应遵守下列规定：
——爬罐运行时人员应站在罐内，遇卡帮或浮石应停罐处理；
——爬罐行至导轨顶端时应使保护伞接近工作面，工作台接近导轨顶端；
——不应利用自重下降；
——运送导轨应用装配销固定；
——安装导轨时应站在保护伞下先将浮石处理干净，再将导轨固定牢靠；
——及时擦净制动器上的油污；
——6.2.6.2的规定。

6.2.6.4 用天井钻机掘进天井应遵守下列规定：
——扩孔期间，严禁人员进入孔的下方；扩孔完毕，应在天井周围设置栅栏和警示标志，防止人员进入；
——采用凿岩爆破扩井应遵守6.2.6.1的有关规定。

6.2.7 井巷支护

6.2.7.1 不应用木材或者其他可燃材料作永久支护。

6.2.7.2 在不稳固的岩层中掘进时应进行支护；在松软、破碎或流砂地层中掘进时应在永久性支护与掘进工作面之间进行临时支护或特殊支护。

6.2.7.3 井巷施工设计中应规定井巷支护方法和支护与工作面间的距离；中途停止掘进时应及时支护至工作面。

6.2.7.4 架设支架时应遵守下列规定：
——支架架设后应将梁、柱与顶、帮之间楔紧；顶和帮的空隙应塞紧；
——支架之间应有拉杆，斜巷支架应增设下撑；
——倾角大于30°的斜巷，永久性棚架之间应架设撑柱；
——柱窝应打在稳定的岩石上；
——爆破前应加固靠近工作面的支架；
——发现棚腿歪斜、顶梁弯曲等应及时更换、修复。

6.2.7.5 井巷砌碹支模时应遵守下列规定：
——砌碹前拆除原有支架时，应及时清理顶、帮浮石，并采取临时护顶措施；
——砌碹后应将顶、帮空隙填实；
——碹胎的强度应能承受所支撑重量的3倍以上；
——碹胎的下弦不应支撑工作台。

6.2.7.6 竖井砌碹时应遵守下列规定：
——竖井的永久性支护与掘进工作面之间，应设必要的临时支护；
——施工组织设计应对永久性支护及临时支护与掘进工作面的距离做出规定；
——砌块支护时应保持碹壁平整、接口严密；岩帮与碹壁之间的空隙应用碎石填满，并用砂浆灌实；
——砌碹支护井筒岩壁有涌水时，应用导管引出，砌碹完毕应进行封水。

6.2.7.7 喷锚支护应遵守下列规定：
——应对锚杆做拉力试验，对喷体做厚度和强度检查；
——进行锚固力试验应有安全措施；
——处理喷射管路堵塞时应将喷枪口朝下且不应朝向人员；
——在松软破碎的岩层中进行喷锚作业时应打超前锚杆，进行预先护顶；
——动压巷道支护应采用喷锚与金属网联合支护方式；
——在有淋水的井巷中喷锚应预先做好防水工作；
——软岩采用锚杆支护，锚杆应全长锚固。

6.2.8 井巷维护和报废

6.2.8.1 应对井巷进行定期检查。作为安全出口或者升降人员的井筒，每月至少检查1次；地压较大的井巷和人员活动频繁的采矿巷道，应每班进行检查。发现问题应及时处理并做好记录。

6.2.8.2 维修主要提升井筒、运输大巷和大型硐室，应有经矿山企业主要负责人批准的安全技术措施。

6.2.8.3 斜井和平巷维修或扩大断面时，应遵守下列规定：
——应先加固工作地点附近的支护体，然后拆除工作地点的支护，并做好临时支护；
——拆除密集支架时，1次应不超过两架；
——撤换松软地点的支架，或维修巷道交叉处、严重冒顶片帮区，应在支架之间加拉杆支撑或架设临时支架；
——清理浮石时应在安全地点作业；
——在斜井内作业时，应停止车辆运行，并设警戒和明显标志；
——在独头巷道内作业时，作业地点不应有非作业人员。

6.2.8.4 维修竖井应遵守下列规定：
——应编制施工组织设计；
——作业前应将各中段马头门及井梁上的浮石清理干净；
——各中段马头门应设专人看管；
——应在坚固的平台上作业，平台上应有保护设施和联络信号，工作平台与中段平巷之间应有可靠的通信联络；
——作业人员应系好安全带。

6.2.8.5 人员站在提升容器的顶盖上检修、检查井筒时，应遵守下列规定：
——应在保护伞下作业；
——应佩戴与提升钢丝绳牢固连接的安全带；
——提升容器升降速度不超过0.3 m/s；
——作业人员应有专用通信装置；
——井口及各中段马头门设专人警戒，防止坠物。

6.2.8.6 废弃井巷和硐室的入口应及时封闭，封闭时应留有泄水条件。封闭墙上应标明编号、封闭时间、责任人、井巷原名称。封闭前入口处应设明显警示标志，禁止人员进入。封闭墙在相应图纸上标出，并归档永久保存。报废井巷的地面入口周围应设高度不低于1.5 m的栅栏。

6.2.8.7 修复废旧井巷前应查明井巷本身的稳定情况及周围构筑物、井巷、采空区等的分布情况和废旧井巷内的空气成分，确认安全方可施工。

6.2.8.8 修复被水淹没的井巷时，对露出的部分应及时检查、支护，并采取措施防止有害气体突出和突然涌水。

6.3 地下开采

6.3.1 一般规定

6.3.1.1 地下采矿应按设计要求进行。

6.3.1.2 地下开采时，应圈定岩体移动范围或岩体移动监测范围；地表主要建构筑物、主要井筒应布置在地表岩体移动范围之外，或者留保安矿柱消除其影响。

6.3.1.3 地表主要建构筑物、主要开拓工程入口应布置在不受地表滑坡、滚石、泥石流、雪崩等危险因素影响的安全地带，无法避开时，应采取可靠的安全措施。

6.3.1.4 每个采区或者盘区、矿块均应有两个便于行人的安全出口，并与通往地面的安全出口相通。

6.3.1.5 采矿设计应提出矿柱回采和采空区处理方案，并制定专门的安全措施。

6.3.1.6 应严格保持矿柱（含顶柱、底柱和间柱等）的尺寸、形状和直立度；应有专人检查和管理，确保矿柱的稳定性。

6.3.1.7 胶结充填体中的二次掘进应待充填体达到规定的养护期和强度后方准进行，不满足安全要求的还应做可靠的支护。

6.3.1.8 作业场所的钻孔、井巷、溶洞、陷坑、泥浆池和水仓等，均应加盖或设栅栏围挡，并设置明显的警示标志。设备的转动部件外围应设防护罩或围栏。

6.3.1.9 溜井不应放空。大块矿石、废旧钢材、木材和钢丝绳等不应放入井内。溜井口不应有水流入。人员不应直接站在溜井、漏斗内堆存的矿石上或进入溜井与漏斗内处理堵塞。采用特殊方法处理堵塞应经矿山企业主要负责人批准。

6.3.1.10 采场放矿作业出现悬拱或立槽时人员不应进入悬拱、立槽下方危险区进行处理。

6.3.1.11 人员需要进入的采场应有良好的照明。

6.3.1.12 应建立采场顶板分级管理制度。对顶板不稳固的采场，应有监控手段和处理措施。

人员需要进入的采场作业面的顶板和侧面应保持稳定，矿岩不稳固时应采取支护措施。因爆破或其他原因而破坏的支护应及时修复，确认安全后方准作业。

回采作业前应处理顶板和两帮的浮石，确认安全后方可进行回采作业。

处理浮石时，同一作业面不应进行其他作业；发现冒顶征兆应停止作业进行处理；发现大面积冒顶征兆，应立即撤离人员并及时上报。

6.3.1.13 发现井下有危及作业人员安全的危险应立即消除。当班作业结束前来不及消除时，当班负责人应做好书面记录，内容包括危险状况和所采取的处理措施。下一班负责人在本班作业人员开始危险区内的作业前，应确认上一班的记载内容，并告知相关作业人员上述危险状况、已采取的处理措施、为解除危险应做的工作。

6.3.1.14 工程地质复杂、有严重地压活动的矿山，应遵守下列规定：
——设立专门机构或专职人员负责地压管理工作，做好现场监测和预测、预报工作；
——发现大面积地压活动预兆应立即停止作业，将人员撤至安全地点；
——通往塌陷区的井巷应封闭；
——地表塌陷区应设明显警示标志和必要的围挡设施，人员不应进入塌陷区和采空区。

6.3.1.15 采用空场法采矿的矿山，应采取充填、隔离或强制崩落围岩的措施，及时处理采空区。

6.3.1.16 地下开采的矿山应对地面沉降情况进行监测。

6.3.1.17 井下爆破应遵守 GB 6722 的规定。

6.3.1.18 矿井停电时，应停止井下生产作业，并组织人员撤出。

6.3.2 采矿方法

6.3.2.1 采用全面采矿法、房柱采矿法采矿，应遵守下列规定：
——采场的结构参数和矿柱（包括点柱、条柱）参数应经岩石力学计算分析后确定；当开采前期缺少相关岩石力学参数时，可采取类比法确定；
——未经原设计单位变更设计或专业研究机构的研究并采取安全措施，不得减小矿柱（包括点柱、条柱）尺寸或扩大矿房的尺寸，不得采用人工支柱替代原有矿柱以回采矿柱；
——回采过程中应认真检查顶板，处理浮石，并根据岩石稳定性对采场顶板进行必要的支护。

6.3.2.2 采用浅孔留矿法采矿应遵守下列规定：
——开采第一分层前应将下部漏斗和喇叭口扩完；
——各漏斗应均匀放矿，发现悬空应停止其上部作业；经妥善处理悬空后，方准继续作业；

——放矿人员和采场内的人员应密切联系,在放矿影响范围内不应上下同时作业;
——严格控制每一回采分层的放矿量,保证凿岩工作面安全操作所需高度。

6.3.2.3 采用分段空场法和阶段空场法采矿,应遵守下列规定:
——采场顶柱内除可开掘回采、运输、充填和通风巷道外,不得开掘其他巷道;
——上下中段的矿房和矿柱应相对应;
——人员不应进入采空区。

6.3.2.4 空场法回采矿柱应遵守下列规定:
——应由原设计单位或专业研究机构研究论证;
——回采顶柱和间柱前应先检查运输巷道的稳定情况,运输巷道不稳定时采取加固措施;
——回采前和回采过程中应设有岩体应力和应变监测设施,实时监测矿岩稳定情况;
——所有顶柱和间柱的回采准备工作应在矿房回采结束前完成;
——与矿柱回采无关的人员,未经矿山企业主要负责人批准不应进入未充填矿房顶柱内的巷道和矿柱回采区内;
——大量崩落矿柱时,应采取措施保证爆破冲击波和地震波影响范围内的巷道、设备及设施的安全;未达到预期崩落效果的应进行补充崩落设计后再次爆破;
——编制专门的应急预案。

6.3.2.5 采用壁式崩落法回采应遵守下列规定:
——应遵守设计规定的悬顶、控顶、放顶距离和放顶的安全措施;
——放顶前应进行全面检查,以确保出口畅通、照明良好和设备安全;
——放顶时人员不应在放顶区附近的巷道中停留;
——在密集支柱中,每隔 3 m~5 m 应有一个宽度不小于 0.8 m 的安全出口,密集支柱受压过大时,应及时采取加固措施;
——若放顶未达到预期效果,应重新设计,方可进行二次放顶;
——放顶后应及时封闭落顶区,禁止人员进入;
——多层矿体分层回采时,应待上层顶板岩石崩落并稳定后再回采下部矿层;
——相邻两个中段同时回采时,上中段回采工作面应比下中段工作面超前

一个工作面斜长的距离,且应不小于20 m;
——除倾角小于10°的矿体外,机械撤柱及人工撤柱,应自下而上、由远而近进行。

6.3.2.6 采用分层崩落法回采应遵守下列规定:
——每个分层进路宽度不超过3 m,分层高度不超过3.5 m,进路长度不应超过50 m;
——上下分层同时回采时,上分层在水平方向上应超前相邻下分层15 m以上;
——崩落假顶时人员不应在相邻的进路内停留;
——假顶降落受阻时不应继续开采分层;顶板降落产生空洞时不应在相邻进路或下部分层巷道内作业;
——崩落顶板时不应用砍伐法撤出支柱;
——顶板不能及时自然崩落的缓倾斜矿体应进行强制放顶;
——凿岩、装药、出矿等作业,应在支护区域内进行;
——采区采完后应在天井口铺设加强假顶;
——采矿应从矿块一侧向天井方向进行,以免造成通风不良的独头工作面;采掘接近天井时,分层沿脉或穿脉应在分层内与另一天井相通;
——清理工作面应从出口开始向崩落区进行。

6.3.2.7 采用有底柱分段崩落法和阶段崩落法回采,应遵守下列规定:
——采场电耙道应有贯穿风流;电耙的耙运方向应与风流方向相反;
——电耙道间的联络道应设在入风侧,并在电耙绞车的侧翼或后方;
——电耙道放矿溜井口旁应有宽度不小于0.8 m的人行道;
——不得用未修复的电耙道出矿;
——采用挤压爆破时应控制补偿空间和放矿量,以免造成悬拱;
——拉底空间应形成厚度不小于3 m~4 m的松散垫层;
——采场顶部应有厚度不小于崩落层高度的覆盖岩层,若采场顶板不能自行冒落应及时强制崩落,或用充填料充填。

6.3.2.8 采用无底柱分段崩落法回采应遵守下列规定:
——回采工作面的上方应有大于分段高度的覆盖岩层,以保证回采工作的安全;上盘不能自行冒落或冒落的岩石量达不到规定厚度时应及时进行强制放顶;
——上下两个分段同时回采时,上分段应超前于下分段,超前距离应使上分段位于下分段回采工作面的错动范围之外，且不小于20 m；
——分段联络道应有足够的新鲜风流；
——各分段回采完毕应及时封闭本分段的溜井口。

6.3.2.9　采用自然崩落法回采应遵守下列规定：
——应编制放矿计划，严格控制放矿，崩落面与松散物料面之间的空间高度不大于5 m，防止产生空气冲击波造成人员伤害和设施破坏；
——应采用可靠的监测手段对崩落顶板的变化情况进行监测；
——雨季出矿应采取相应的安全措施，严格控制单个放矿点的出矿量，防止泥石流伤人；
——不应采用裸露药包处理放矿点堵塞、结拱或者破碎大块；如特殊情况需要，应由矿山企业主要负责人批准。

6.3.2.10　采用充填法回采应遵守下列规定：
——井下充填不应产生或者释放有毒有害气体；
——采场中的顺路行人井、溜矿井、水砂充填用泄水井和通风井，应保持畅通；
——用组合式钢筒作行人、滤水、放矿的顺路天井时，钢筒组装作业前应在井口悬挂安全网；
——上向充填法每一分层回采完后应及时充填，最后一个分层回采完后应接顶密实；
——下向充填法回采，进路两帮底角的矿石应清理干净，每采完一条进路应及时充填，并应接顶密实；
——采场或进路充填前应架设坚固的充填挡墙，并安设泄水井或泄水管道；膏体充填可不设泄水设施；
——人员不应在非管道输送充填料的充填井下方停留或通行；
——各充填工序间应有通信联络；
——人员和设备进入充填体面层之前，应确认充填体具有足够的支撑强度；
——采场下部巷道及水沟堆积的充填料应及时清理；
——采用人工间柱上向分层充填法采矿时，人工间柱两侧采场应错开一定距离；
——采用空场嗣后充填采矿法回采时，相临采场或矿房的充填体达到设计强度后才能开始第二步骤采场或矿柱的回采。

6.3.2.11　地下盐矿和石膏矿回采应遵守下列规定：

——应采用干式凿岩机或机械切削,并采取有效的干式捕尘、降尘措施;
——不得在路面洒水或用水清洗采场矿壁;
——下班前应将溜井中的石膏矿石或盐矿石放空,防止溜井堵塞;
——当矿层顶板为泥岩或页岩等不稳定岩层时,应加强支护或在顶板保留完整的矿石护顶层,确保采场顶板稳定;凿岩时顶部炮孔不应穿越护顶层,保证爆破后护顶层完整;
——当采用充填法开采或对空采区进行嗣后充填时,应有效收集溢流水,防止对矿柱和周边矿岩产生溶蚀或产生有毒有害气体;
——采用崩落法开采石膏矿时应控制每次的崩矿量,做到强采强出,避免矿石在采场中凝结。

6.3.2.12 有 H_2S 等有毒有害气体的矿山应遵守下列规定:
——应制定 H_2S 等有毒有害气体检测制度;
——每个班组都应携带气体检测仪,随时监测 H_2S 等有毒有害气体;
——采场工作面 H_2S 气体体积浓度不大于 10×10^{-6} 时人员方可进入;
——采掘过程中应采取打超前释放孔等措施释放 H_2S 气体,确保采掘过程中人员的安全;
——每季度测定1次有毒有害气体浓度;每半年进行1次井下空气成分的取样分析。

6.3.3 岩爆预防

6.3.3.1 有下列情况之一的,应当进行岩爆倾向性研究:
——有强烈震动、瞬间底鼓或帮鼓、矿岩弹射等现象的;
——相邻矿井开采同一深度发生过岩爆的;
——埋深超过 1000 m 的。

6.3.3.2 开采岩爆倾向性大的矿段时应进行岩爆危险性评价。

6.3.3.3 具有岩爆危害的矿井,防治岩爆工作应遵守下列规定:
——矿山应有专门的机构与人员负责岩爆防治工作;
——矿山应制定防治岩爆灾害的专门技术措施;
——应对作业人员进行相关的培训;
——应选择有利于减少应力集中的采矿方法和工艺、开采顺序;主要设施应布置在岩爆危害相对较弱的区域;
——巷道或采场支护应采用锚网或喷锚网等柔性支护为主的支护型式;

——岩爆危害严重的矿山应建立微震监测设施和危险区域日常监测和预警制度；

——判定有岩爆危险时，应立即停止作业、撤出人员，并上报；采取安全措施并确认危险解除后方可恢复正常作业。

6.3.4 井下出矿与无轨运输

6.3.4.1 采用电耙绞车出矿应遵守下列规定：

——应有良好照明；

——绞车前部应设防断绳回甩的防护设施；

——绞车开动前司机应发出信号；

——电耙运行时人员不应跨越钢丝绳，耙道内及尾部不应有人；

——电耙停止运行时应将钢丝绳放松。

6.3.4.2 无轨设备应符合下列规定：

——采用电动机或者柴油发动机驱动；

——柴油发动机尾气中：CO 的体积浓度小于或等于 1500×10^{-6}，NO 的体积浓度小于或等于 900×10^{-6}；

——每台设备均应配备灭火装置；

——刹车系统、灯光系统、警报系统应齐全有效；

——操作人员上方应有防护板或者防护网；

——用于运输人员、油料的无轨设备应采用湿式制动器；

——井下专用运人车应有行车制动系统、驻车制动系统和应急制动系统；

——行车制动系统和应急制动系统至少有一个为失效安全型。

6.3.4.3 采用无轨设备运输应遵守下列规定：

——应采用地下矿山专用无轨设备；

——行驶速度不超过 25 km/h；

——通过斜坡道运输人员时，应采用井下专用运人车，每辆车乘员数量不超过 25 人；

——油料运输车辆在井下的行驶速度不超过 15 km/h，与其他同向运行车辆距离不小于 100 m；

——自动化作业采区应设置门禁系统；

——按照设备要求定期进行检查和维护保养。

6.3.4.4 无轨运输系统应符合下列要求：

——设备顶部至巷道顶板的距离不小于0.6 m；
——斜坡道每400 m应设置一段坡度不大于3%、长度不小于20 m的缓坡段；
——错车道应设置在缓坡段；
——斜坡道坡度：承载5人以上的运人车辆通行的，不大于16%；承载5人以下的运人车辆通行的，不大于20%；
——斜坡道路面应平整；主要斜坡道应有良好的混凝土、沥青或级配均匀的碎石路面；
——溜井卸矿口应设置格筛、防坠梁、车挡等防坠设施。车挡的高度不小于运输设备车轮轮胎直径的1/3。

6.3.4.5 无轨设备运行应遵守下列规定：
——不超载；
——不熄火下滑；
——避让行人；
——不站在铲斗内作业；
——不在设备的工作臂、升举的铲斗下方停留；
——不从设备的工作臂、升举的铲斗下方通过；
——车辆间距不小于50 m；
——在斜坡道上停车时采取可靠的挡车措施；
——司机离开前停车制动并熄灭柴油发动机、切断电动设备电源；
——维修前柴油设备熄火，切断电动设备电源。

6.4 提升运输

6.4.1 有轨运输

6.4.1.1 采用电机车运输的矿井，由井底车场或平硐口到作业地点所经平巷长度超过1500 m时，应设专用人车运送人员。

专用人车应有坚固的金属顶棚和确保人员安全的车辆结构，车辆的顶棚、车厢和车架应有良好的连接，通过钢轨实现电气接地。

6.4.1.2 专用人车运送人员应遵守下列规定：
——人员上、下车地点应有良好的照明和声光信号装置；
——人员上、下车时，其他车辆不应进入乘车区域；
——不应超员；
——列车行驶前应挂好安全门链；

——列车行驶速度不超过 3 m/s；

——架线式电机车的滑触线应设分段开关，人员上、下车时应切断电源；

——不应用人车运送具有爆炸性、易燃性、腐蚀性等危险特性的物品；

——除了处理事故外，不应附挂材料车。

6.4.1.3 乘车人员应遵守下列规定：

——服从司机指挥；

——在人车车厢内乘坐；

——携带的工具和零件不应露出车外；

——不应扒车、跳车；

——列车停稳前，不应上、下车或将头部和身体探出车外。

6.4.1.4 车辆的连接装置不得自行脱钩，车辆两端的碰头或缓冲器的伸出长度不小于 100 mm。

6.4.1.5 停放在轨道上的车辆有可能自滑时，应采取有效措施制动。

6.4.1.6 在运输巷道内，人员应沿人行道行走；不应在轨道上或者两条轨道之间停留；不应横跨列车。

6.4.1.7 运输线路曲线半径应符合下列规定：

——行驶速度不大于 1.5 m/s 时，不小于车辆最大轴距的 7 倍；

——行驶速度大于 1.5 m/s 时，不小于车辆最大轴距的 10 倍；

——线路转弯大于 90°时，不小于车辆最大轴距的 10 倍；

——采用 6 m³ 以上大型车辆运输时，不小于车辆固定轴距的 20 倍；

——采用无人驾驶电机车运输时，不小于车辆固定轴距的 20 倍。

6.4.1.8 有轨运输线路曲线段轨道应加宽，外轨应设超高，满足车辆稳定运行通过的要求。

6.4.1.9 维修线路时，应在维修地点前后各 80 m 以外设置警示标志，维修结束后撤除。

6.4.1.10 禁止使用内燃机车；有发生气体爆炸或自然发火危险的，严禁使用非防爆型电机车。

6.4.1.11 电机车司机应遵守下列规定：

——每班应检查电机车的闸、灯、警铃；任何一项不正常，均不应使用；

——驾驶车辆运行时不应将头或身体探出车外；

——离开机车前应将机车制动并切断电动机电源。

6.4.1.12 电机车运行应遵守下列规定：

——列车制动距离不超过80 m；10 t以下机车牵引运输时，不超过40 m；运送人员时，不超过20 m；

——列车正常行车时机车应在列车的前端牵引；

——双机牵引列车允许1台机车在前端牵引，1台机车在后端推动；

——电机车司机视线受阻时应减速行驶并发出警告信号；

——任何人发现列车运行前方有障碍物或者危险时，应发出紧急停车信号；

——不应采用无连接方式顶车；

——顶车速度不大于0.5 m/s，并应有专人在行驶前方观察监护。

6.4.1.13 架线式电机车的滑触线架设高度应符合下列规定：

——主要运输巷道：线路电压低于500 V时，不低于1.8 m；线路电压高于500 V时，不低于2.0 m；

——井下调车场、轨道与人行道交叉点：线路电压低于500 V时，不低于2.0 m；线路电压高于500 V时，不低于2.2 m；

——井底车场，不低于2.2 m；

——地表架线高度不低于2.4 m。

6.4.1.14 电机车滑触线架设应符合下列规定：

——滑触线悬挂点的间距：在直线段内不超过5 m，在曲线段内不超过3 m；

——滑触线线夹两侧的横拉线应用瓷瓶绝缘，线夹与瓷瓶的距离不超过0.2 m，线夹与巷道顶板或支架横梁间的距离不小于0.2 m；

——滑触线与管线外缘的距离不小于0.2 m；

——滑触线与金属管线交叉处应用绝缘物隔开。

6.4.1.15 电机车滑触线应设分段开关，分段距离不超过500 m。每一条支线也应设分段开关。上下班时间，距井筒50 m以内的滑触线应切断电源。

架线式电机车工作中断时间超过一个班时，应切断非工作区域内的电机车线路电源。维修电机车线路时应先切断电源，并将线路接地。

6.4.1.16 同时运行数量多于2列车的主要运输水平应设有轨运输信号系统。

6.4.1.17 无人驾驶电机车运输应遵守下列规定：

——设置通信系统；

——设置报警系统；

——设置视频监视系统；

——设置装卸矿控制系统；

——设置具备信集闭、自动控制和人工控制功能的电机车运行控制系统；

——设置地面或者井下集中控制室；
——电机车运行时不应有人员进入作业区域。

6.4.2 斜井提升

6.4.2.1 斜井人车应符合下列要求：
——有坚固的顶棚，并装有可靠的断绳保险器；
——列车每节车厢的断绳保险器应相互联结，并能在断绳时起作用；
——断绳保险器应具有自动和手动功能；
——各节车厢之间除连接装置外还应附挂保险链并定期进行检查；不合格者立即更换；
——在用斜井人车的断绳保险器，每日进行1次手动落闸试验；每月进行1次静止松绳落闸试验；实验结果应记录存档。

6.4.2.2 斜井提升应遵守下列规定：
——严禁人员在提升轨道上行走；
——多水平提升时，各水平发出的信号应有区别；
——收发信号的地点应悬挂明显的信号编码牌。

6.4.2.3 斜井升降人员时应遵守下列规定：
——不应采用人货混合串车提升；
——每节车厢均能向提升机司机发出紧急停车信号；
——随车安全员应乘坐在能操纵断绳保险器的第一节车内；
——乘车人员应听从随车安全员指挥，按指定地点上、下车；人员应乘坐在人车车厢内；上车后应关好车门，挂好车链；
——斜井人车停运时，应停放在专用存车线路上，并采取安全措施防止人车坠落或者下滑。

6.4.2.4 斜井提升速度应符合下列规定：
——串车提升：斜井长度不大于300 m时，不大于3.5 m/s；斜井长度大于300 m时，不大于5 m/s；
——箕斗提升：斜井长度不大于300 m时，不大于5 m/s；斜井长度大于300 m时，不大于7 m/s。

6.4.2.5 加速或者减速过程中不应出现松绳现象。提升人员的加速度或减速度不超过 0.5 m/s^2；提升物料的加速度或减速度不超过 0.75 m/s^2。

6.4.2.6 倾角大于10°的斜井，应有轨道防滑措施。

6.4.2.7 斜井串车提升系统应设常闭式防跑车装置。

6.4.2.8 斜井各水平车场应设阻车器或挡车栏；下部车场还应设躲避硐室。

6.4.2.9 斜井串车提升时，矿车的连接装置应符合6.4.1.4的规定，连接钩、环和连接杆的安全系数不小于6。

6.4.3 带式输送机运输

6.4.3.1 井下带式输送机应采用阻燃型输送带。

6.4.3.2 钢丝绳芯输送带静荷载安全系数不小于7；棉织物芯输送带静载荷安全系数不小于8；其他织物芯输送带静载荷安全系数不小于10。

6.4.3.3 各种输送带的动荷载安全系数不小于3。

6.4.3.4 使用带式输送机应遵守下列规定：
—— 物料不应从输送带上向下滚落；
—— 带式输送机倾角：向上不大于15°，向下不大于12°；大倾角输送机不受此限；
—— 任何人员均不应搭乘非载人带式输送机；
—— 跨越输送机的地点应设置带有安全栏杆的跨越桥；
—— 清除附着在输送带、滚筒和托辊上的物料，应停车进行；
—— 不应在运行的输送带下清理物料；
—— 输送机运转时不应进行注油、检查和修理等工作；
—— 维修或者更换备件时，应停车并切断电源，并由专人监护不许送电。

6.4.3.5 带式输送机应有下列安全保护装置：
—— 装料点和卸料点设空仓、满仓等保护和报警装置，并与输送机联锁；
—— 输送带清扫装置以及防大块冲击、防输送带跑偏等的保护装置；
—— 紧急停车装置；
—— 制动装置。

6.4.3.6 长度超过400 m的带式输送机应设下列保护装置：
—— 防输送带撕裂、断带等保护装置；
—— 防止过速、过载、打滑等的保护装置；
—— 线路上的信号、电气联锁和紧急停车装置。

6.4.3.7 上行带式输送机应有防止输送带逆转的措施。

6.4.3.8 大倾角带式输送机的输送带形式、结构和参数，应与输送机倾角相适应。

6.4.3.9 带式输送机斜井检修道作辅助提升时，提升容器与带式输送机最突出部分或者斜井壁之间的间隙不小于0.3 m，提升速度不超过1.5 m/s。采用无轨设备运输人员和检修材料时，无轨设备与带式输送机或者斜井壁之间的间隙不小于0.6 m，车辆运行速度不超过2 m/s。

6.4.4 竖井提升

6.4.4.1 提升容器和平衡锤在竖井中运行时应有罐道导向。缠绕式提升系统应采用木罐道或者钢丝绳罐道，摩擦式提升系统应采用型钢罐道、木罐道或者钢丝绳罐道。

6.4.4.2 提升容器的导向槽或者滑动罐耳与罐道之间的间隙应符合下列规定：
——采用木罐道的，每侧不超过10 mm；
——采用型钢罐道的：采用滚轮罐耳时，导向槽每侧间隙10 mm～15 mm；不用滚轮罐耳时，导向槽每侧间隙不超过5 mm；
——采用钢丝绳罐道的，导向器内径比罐道绳直径大2 mm～5 mm。

6.4.4.3 罐道磨损达到下列程度，应该更换：
——木罐道一侧磨损超过15 mm；
——型钢罐道一侧磨损超过型钢壁厚的50%；
——罐道钢丝绳在一个捻距内的表面钢丝断丝超过15%；
——罐道钢丝绳的表面钢丝磨损超过50%。

6.4.4.4 导向槽或者导向器磨损达到下列程度，应该更换：
——导向槽一侧磨损超过8 mm；
——型钢罐道和容器导向槽一侧总磨损量达到10 mm；
——钢丝绳罐道导向器磨损超过8 mm。

6.4.4.5 提升容器之间、提升容器与井壁、罐道梁、井梁之间的间隙，应符合6.2.3.1、6.2.3.2的规定。

6.4.4.6 钢丝绳罐道应采用密封钢丝绳，罐道绳的刚性系数不小于500 N/m；每个提升容器的罐道绳张紧力应相差5%～10%，内侧张紧力大，外侧张紧力小。

6.4.4.7 罐道钢丝绳采用重锤拉紧时，井上应设钢丝绳固定装置，井下应设钢丝绳导向装置；拉紧重锤的最低位置到井底最高水面的距离不小于1.5 m。

6.4.4.8 罐道钢丝绳采用液压拉紧时，应在井上设置罐道绳拉紧力调节装置。

6.4.4.9 罐道钢丝绳应有20 m以上备用长度。每3个月应对罐道钢丝绳固定装置和拉紧装置进行1次检查，及时串动和转动钢丝绳。检查和处理情况应记录存档。

6.4.4.10 采用多绳摩擦式提升时，粉矿仓应设在尾绳之下，粉矿顶面距离尾绳最低位置应不小于5 m。罐道钢丝绳穿过粉矿仓的，应用隔离套筒保护钢丝绳。

6.4.4.11 罐道钢丝绳直径不小于28 mm，防撞钢丝绳直径不小于40 mm。

6.4.4.12 缠绕式提升系统应符合下列规定：
——卷筒到天轮的钢丝绳最大偏角不超过1°30′；
——天轮绳槽剖面中心线应与天轮轴中心线垂直；天轮不应有变形和活动现象；
——采用钢丝绳罐道时，提升钢丝绳应采用不旋转钢丝绳；
——双卷筒提升机的提升钢丝绳规格应相同。

6.4.4.13 摩擦式提升系统应符合下列规定：
——首绳应为同一生产批次的钢丝绳；
——采用扭转钢丝绳作首绳时应按左右捻相间的顺序悬挂；
——首绳悬挂前应去除表面油脂；腐蚀性严重的矿井，应在钢丝绳表面涂增摩脂；
——圆尾绳挂绳前应消除旋转力矩；
——井底应设尾绳隔离装置。

6.4.4.14 提升竖井的井塔或者井架内和竖井井底应设置过卷段，过卷段高度应符合下列规定：
——提升速度大于6 m/s时，不小于最高提升速度下运行1 s的距离或者10 m；
——提升速度为3 m/s~6 m/s时，不小于6 m；
——提升速度小于3 m/s时，不小于4 m；
——凿井期间用吊桶提升时，不小于4 m。

6.4.4.15 过卷段终端应设置过卷挡梁；发生过卷事故后过卷挡梁应能正常使用。

6.4.4.16 竖井提升系统应符合下列规定：
——过卷段应设过卷缓冲装置或者楔形罐道，使过卷容器能够平稳地在过卷段内停住；
——深度大于800 m的竖井应设过卷缓冲装置，使过卷容器在缓冲装置内平稳停住，并不再反向下滑或反弹；
——楔形罐道的楔形部分的斜度为1%；包括较宽部分的直线段在内的长度

不小于过卷段高度的 2/3；摩擦式提升系统的下行容器应比上行容器提前接触楔形罐道，提前距离不小于 1 m。

6.4.4.17 提升人员的罐笼提升系统应在井架或者井塔的过卷段内设置罐笼防坠装置，使罐笼下坠高度不超过 0.5 m。

6.4.4.18 垂直深度超过 50 m 的竖井用作人员主要出入口时，应采用罐笼或矿用电梯升降人员。

6.4.4.19 提升人员的罐笼提升系统应符合下列规定：
——井口和井下各中段马头门应设安全门；
——自动安全门应与提升机连锁；
——手动安全门应由信号工负责开闭；
——同一层罐笼不应同时升降人员和物料；
——负责运输爆破器材的人员应跟罐监护，并通知信号工和提升机司机；
——乘罐人员应在距井筒 5 m 以外候罐，并听从信号工指挥。

6.4.4.20 主要提升矿、废石的罐笼提升系统应符合下列规定：
——井口和井下各中段马头门应设自动安全门，并与提升机连锁；
——井口和井下各中段马头门应设摇台；
——采用钢丝绳罐道时，井下各中段应设稳罐装置；
——摇台和稳罐装置应与提升机闭锁。

6.4.4.21 使用矿用电梯应遵守下列规定：
——机房通道应设照明，通道门应向外开，门外应设警示标志；
——电梯井井筒应设梯子间；
——与电梯井连接的中段马头门铺设轨道时应设阻车器；
——井筒底部应设排水设施和通达最低服务水平的梯子；
——电梯机房碉室应无渗水，井底不应积水；
——曳引电动机、控制柜应接地，接地电阻不大于 2 Ω。

6.4.4.22 矿用电梯应符合下列规定：
——控制柜应采用密封结构，柜内相对湿度不大于 80%；
——电气设备外壳防护等级不低于 IP55；开关、按钮及井底电气设备外壳防护等级不低于 IP67；
——曳引电动机的绝缘等级不低于 F 级；
——钢丝绳和金属零件应满足防腐蚀要求；
——轿厢内应设紧急报警装置；轿厢顶不应漏水。

6.4.4.23 出现下列情况之一，应对矿用电梯进行检验：
——安装、改造或者重大维修完成后；
——由于安全性能导致停用，再次使用前；
——停止使用 3 个月以上，再次使用前；
——距上次检验满 1 年。

6.4.4.24 电梯钢丝绳出现下列情况之一时应报废：
——笼状畸变、绳芯挤出、扭结、部分压扁、弯折或严重锈蚀；
——一个捻距内单股的断丝数大于 4 根；
——钢丝绳直径小于公称直径的 90%。

6.4.4.25 升降人员的竖井井口和提升机室应悬挂下列布告牌：
——每班上下井时间表；
——信号标志；
——每层罐笼允许乘人数；
——其他有关升降人员的注意事项。

6.4.4.26 无隔离设施的混合井升降人员时，箕斗提升系统应停止运行。

6.4.4.27 箕斗提升系统应在箕斗装载地点、卸载地点设置信号装置；信号应与提升机启动有闭锁关系。

6.4.4.28 罐笼提升信号系统应符合下列规定：
——应在井口和井下各中段马头门设信号装置；
——不同地点发出的信号应有区别；
——跟罐信号工使用的信号装置应便于跟罐信号工从罐内发信号；
——井口信号工或跟罐信号工可直接向提升机司机发信号；
——中段信号工经过井口信号工同意可以向提升机司机发信号；紧急情况下可直接向提升机司机发出紧急停车信号。

6.4.4.29 竖井提升系统应按照下列要求进行检查，发现问题立即处理，并将检查和处理结果记录存档：
——提升系统的钢丝绳、悬挂装置、提升容器、防坠器等，每天由专人检查 1 次，每月由矿机电部门组织检查 1 次；
——提升机的卷筒或摩擦轮、制动装置、调绳装置、传动装置、电动机和控制设备以及各种保护装置和闭锁装置等，每天由专人检查 1 次，每月由矿机电部门组织检查 1 次；
——提升容器的防坠器、连接装置、保险链、罐门、导向槽、罐体、罐内

阻车器等,每天由专人检查1次,每月由矿机电部门组织检查1次;
　——天轮、导向轮、过卷缓冲装置、罐道、尾绳隔离装置、安全门、摇台、阻车器、装卸矿设施等,每月由专人检查1次;
　——新安装或大修后的单绳罐笼防坠器应进行脱钩试验,合格后方可使用;在用防坠器每半年进行1次不脱钩试验;每年进行1次脱钩试验;防坠器的抓捕器断面减少20%或者导向套衬瓦一侧磨损超过3 mm时应更换。

6.4.4.30 井架和多绳提升机井塔,每年检查1次;木质井架每半年检查1次。发现问题应及时处理。检查和处理结果应记录存档。

6.4.4.31 提升系统每年应进行1次检验,发现问题立即处理。检验和处理结果应记录存档。检验项目如下:
　——6.4.8.11~6.4.8.14规定的各种安全保护;
　——电气传动装置和控制系统的情况;
　——工作制动和安全制动的工作性能:验算和检测制动力矩,测定安全制动减速度。

6.4.5 提升容器

6.4.5.1 单绳罐笼应设可靠的断绳防坠器。

6.4.5.2 多绳提升首绳悬挂装置应能自动平衡各首绳张力;圆尾绳悬挂装置应保证尾绳自由旋转。

6.4.5.3 竖井提升罐笼应符合下列要求:
　——罐笼顶部应设置可以拆卸的检修用安全棚和栏杆;
　——罐笼顶部应设坚固的罐顶门或逃生通道,各层之间应设坚固的人孔门;
　——罐顶下部应设防止淋水的安全棚;
　——罐笼各层均应设置安全扶手;
　——罐笼内各层均应设逃生爬梯;
　——罐门应设在罐笼端部,且不应向外打开;罐门应自锁;
　——罐笼内的轨道应设护轨和阻车器。

6.4.6 钢丝绳和连接装置

6.4.6.1 矿井提升设施应采用适合矿山使用的钢丝绳。

6.4.6.2 缠绕式提升钢丝绳悬挂时的安全系数应符合下列规定:

——专作升降人员用的,不小于9.0;

——升降人员和物料用的,升降人员时不小于9.0,升降物料时不小于7.5;

——用作应急提升人员的,不小于7.5;

——专作升降物料用的,不小于6.5。

6.4.6.3 摩擦式提升钢丝绳悬挂时的安全系数应符合下列规定:

——专作升降人员用的,不小于8.0;

——升降人员和物料用的,升降人员时不小于8.0,升降物料时不小于7.5;

——专作升降物料用的,不小于7.0;

——平衡尾绳,不小于7.0。

6.4.6.4 罐道钢丝绳和防撞钢丝绳安全系数不小于6.0。

6.4.6.5 制动钢丝绳安全系数不小于3.0。

6.4.6.6 凿井用的钢丝绳安全系数应符合下列规定:

——悬挂吊盘、水泵、排水管用的,不小于6.0;

——悬挂风筒、压缩空气管、混凝土输送管、电缆及拉紧装置用的,不小于5.0。

6.4.6.7 连接装置的安全系数应符合下列规定:

——升降人员的,不小于13;

——专用于升降物料的,不小于10;

——悬挂吊盘、安全梯、水泵、抓岩机的,不小于10;

——悬挂风管、水管、风筒、注浆管的,不小于8;

——吊桶提梁和连接装置,不小于13。

6.4.7 钢丝绳的检查与报废

6.4.7.1 提升钢丝绳、平衡钢丝绳、罐道钢丝绳、制动钢丝绳使用前均应进行检验,并有经过相关责任人员签字的检验报告。经过检验的钢丝绳贮存期不超过6个月,超过6个月应重新检验。

6.4.7.2 钢丝绳的钢丝有变黑、锈皮、点蚀麻坑等损伤时,不应用作升降人员。

6.4.7.3 摩擦式提升系统在用钢丝绳与摩擦衬垫应按下列要求进行检查:

a) 日常检查:

——钢丝绳的断丝、磨损情况:当班作业人员每日检查1次;提升管理部门每周组织检查1次;矿山管理部门每月组织检查1次;检查时钢丝绳速度不大于0.3 m/s;

- ——首绳张力：提升管理部门每周组织检查1次，如各绳张力反弹波时间差超过10%，应调绳；
- ——摩擦衬垫绳槽直径：提升管理部门每周组织检查1次，各绳槽直径差应不大于0.8 mm；包括车削量在内的衬垫厚度减小量达到衬垫厚度的2/3，应更换衬垫。

b) 定期检验：
- ——首绳和圆尾绳自悬挂时起1年内至少应进行1次检验，以后每6个月至少检验1次，达到报废标准立即更换。

钢丝绳定期检验应由有专业资质的检验、检测机构进行，并应提供检验报告。

所有检查和处理结果均应记录存档。

6.4.7.4 在用的缠绕式提升钢丝绳应按下列要求进行检验：

a) 断丝和磨损情况日常检查：
- ——作业人员每日检查1次；
- ——提升管理部门每周组织检查1次；
- ——矿山管理部门每月组织检查1次；
- ——检查时钢丝绳速度不大于0.3 m/s；
- ——钢丝绳在运行中由于卡罐或突然停车等受到猛烈拉力时，应立即停止运转并进行检查。

b) 定期检验：
- ——升降人员或升降人员和物料用的，自悬挂时起每6个月检验1次；有腐蚀气体的矿山，3个月检验1次；
- ——专门升降物料用的，自悬挂时起1年内进行第1次检验，以后每6个月检验1次；
- ——悬挂吊盘等用的，自悬挂时起每年检验1次。

钢丝绳定期检验应由有专业资质的检验、检测机构进行，并应提供检验报告。

达到报废标准的钢丝绳应立即更换。

所有检查和处理结果均应记录存档。

6.4.7.5 钢丝绳一个捻距内的断丝断面积与钢丝总断面积之比达到下列数值时，应更换：
- ——升降人员的钢丝绳，5%；
- ——专为升降物料用的提升钢丝绳、平衡钢丝绳、防坠器的制动钢丝绳，10%；

——罐道钢丝绳，15%；

——倾角30°以下的斜井提升钢丝绳，10%。

6.4.7.6 钢丝绳直径减小量达到下列数值时，应更换：

——提升钢丝绳或制动钢丝绳，10%；

——罐道钢丝绳，15%；

——密封钢丝绳外层钢丝厚度磨损量达到50%。

6.4.7.7 在用的提升钢丝绳，定期检验时安全系数小于下列数值的，应更换：

——专作升降人员用的，7.0；

——升降人员和物料用的，升降人员时7.0或升降物料时6.0；

——专作升降物料的，5.0；

——悬挂吊盘等用的，5.0。

6.4.7.8 多绳摩擦提升机的首绳，检验时或者使用中有一根不合格的，应全部更换。

6.4.7.9 出现下列情况之一者，应更换钢丝绳：

——钢丝绳产生严重扭曲或变形；

——钢丝绳局部伸长超过0.5%；

——断丝数突然增加或伸长突然加快；

——钢丝绳严重锈蚀、点蚀，或外层钢丝松弛。

6.4.8 提升装置

6.4.8.1 缠绕式提升机的卷筒和天轮的直径与钢丝绳直径之比，应符合下列规定：

——用作竖井、斜井和凿井提升的，不小于60；

——用作排土场提升或运输的，不小于50；

——悬挂吊盘、吊泵、管道用绞车的，不小于20；

——凿井时提升物料的绞车卷筒，不小于20。

6.4.8.2 摩擦式提升机的摩擦轮、天轮和导向轮的最小直径与钢丝绳直径之比，应符合下列规定：

——塔式提升机的摩擦轮直径：有导向轮时不小于100，无导向轮时不小于80；

——落地式提升机的摩擦轮和天轮直径：不小于100；

——塔式提升机的导向轮直径：不小于80。

6.4.8.3 缠绕式提升机卷筒缠绕钢丝绳的层数应符合下列规定：
——卷筒表面带有平行折线绳槽和层间过渡装置的：升降人员时不超过 3 层；专用于升降物料时不超过 4 层；
——卷筒表面带有螺旋绳槽和层间过渡装置的：升降人员时不超过 2 层；专用于升降物料时不超过 3 层；
——卷筒表面无绳槽的：升降人员时缠绕 1 层；专用于升降物料时不超过 2 层；
——应急提升人员的不超过 3 层；
——凿井期间提升人员的不超过 3 层。

6.4.8.4 移动式提升装置、专为提升物料用的辅助提升装置、凿井期间专用于升降物料的提升机卷筒可多层缠绕。

6.4.8.5 缠绕式提升机的卷筒应符合下列规定：
——卷筒边缘应高出最外一层钢丝绳，高出部分应大于钢丝绳直径的 2.5 倍；
——卷筒内应设固定钢丝绳的专用装置，不应将钢丝绳固定在卷筒轴上；
——卷筒上的绳孔不应有锋利的边缘和毛刺，折弯处不应形成锐角。

6.4.8.6 缠绕式提升应遵守下列规定：
——定期试验用的补充绳应缠绕在卷筒上或保留在卷筒内；
——卷筒上保留的钢丝绳不少于三圈；
——每季度应将钢丝绳的位置串动 1/4 绳圈；
——多层缠绕卷筒，应每周检查钢丝绳由下层转至上层的过渡段部分，并统计其断丝数，检查结果应记录存档；
——双筒提升机调绳应在无负荷情况下进行。

6.4.8.7 天轮的轮缘应高于绳槽内的钢丝绳，高出部分大于钢丝绳直径的 1.5 倍。衬垫磨损深度达到钢丝绳直径的 1 倍，或侧面磨损量达到钢丝绳直径的 1/2 时，应立即更换。

6.4.8.8 竖井升降人员时，提升容器的最高速度应不超过式（1）计算值，且最大应不超过 12 m/s：

$$v = 0.5\sqrt{H} \quad \cdots\cdots\cdots\cdots\cdots\cdots\cdots\cdots (1)$$

竖井升降物料时，提升容器的最高速度应不超过式（2）计算值：

$$v = 0.6\sqrt{H} \quad \cdots\cdots\cdots\cdots\cdots\cdots\cdots\cdots (2)$$

式中：
v——最高速度，单位为米每秒（m/s）；

H——提升高度,单位为米(m)。

6.4.8.9 凿井期间吊桶升降人员的最高速度:有导向绳时不超过罐笼提升最高速度的1/3;无导向绳时不超过1 m/s。

吊桶升降物料的最高速度:有导向绳时不超过罐笼提升最高速度的2/3;无导向绳时,应不超过2 m/s。

6.4.8.10 竖井升降人员时,加速度和减速度应不超过0.75 m/s²;升降物料时,加速度和减速度应不超过1.0 m/s²。

6.4.8.11 提升装置的机电控制系统应采用双PLC控制系统,实现位置和速度的冗余保护,并具有下列保护功能:

——限速保护;
——主电动机的短路及断电保护;
——过卷保护;
——过速保护;
——过负荷及无电压保护;
——闸瓦磨损保护;
——润滑系统油压过高、过低或制动油温过高的保护;
——直流电动机失励磁保护;
——测速回路断电保护。

6.4.8.12 提升装置的机电控制系统应符合下列要求:

——使用电气制动的,当制动电流消失时应实现安全制动;
——深度指示器故障时,应实现安全制动;
——制动油压过高、制动油泵电动机断电、制动闸瓦异常时,应实现安全制动;
——提升容器到达预定减速点时提升机应自动减速;
——提升机与信号系统之间应实现闭锁,无工作执行信号不能开车;
——未经提升管理部门批准不得解除闭锁和安全制动。

6.4.8.13 提升系统应设下列保护和联锁:

——控制电源的失压保护;
——主电动机回路接地保护;
——制动状态下主电动机的过电流保护;
——辅机控制系统采用交流不停电电源装置(UPS)供电时的电源失电保护;
——高压换向器(或全部电气设备)的隔墙(或围栅)门与断路器之间的

——联锁；
——安全制动时不能接通电动机电源的联锁；
——工作制动时电动机不能加速的联锁；
——高压换向器的电弧闭锁；
——控制屏加速接触器主触头的失灵闭锁；
——缠绕式提升机应设松绳保护联锁；
——采用电气制动时，高压换向器与直流接触器间应有电弧闭锁；
——主电动机冷却故障或者温升超过额定值的联锁；
——可控硅整流装置冷却故障的联锁；
——尾绳工作不正常的联锁；
——装卸载装置运行不到位的联锁；
——装矿设施不正常及超载过限的联锁；
——深度指示器调零装置失灵、摩擦式提升机位置同步未完成的联锁；
——摇台工作状态的联锁；
——井口及各中段安全门未关闭的联锁。

6.4.8.14 提升机制动系统应符合下列要求：
——能用自动和手动两种方式实现安全制动；
——制动时提升机电机自动断电。

6.4.8.15 缠绕式提升机应有定车装置。

6.4.8.16 安全制动空行程时间不超过 0.3 s。

6.4.8.17 竖井和倾角不小于 30°的斜井提升系统的安全制动减速度应符合下列要求：
——满载下放时不小于 1.5 m/s^2；
——满载提升时不大于 5 m/s^2。

6.4.8.18 倾角小于 30°的斜井提升系统的安全制动减速度应符合下列要求：
——满载下放时不小于 0.75 m/s^2；
——满载提升时不应使提升钢丝绳产生松弛现象。

6.4.8.19 提升机最大制动力矩和提升系统最大静张力差产生的旋转力矩的比值应符合下列要求：
——正常生产提升：不小于 3；
——凿井期间升降物料：不小于 2；
——双卷筒提升机空载条件下调绳：不小于 1.2。

6.4.8.20 多绳摩擦提升系统设有导向轮时,摩擦轮的钢丝绳围包角应不大于200°。

6.4.8.21 多绳摩擦提升系统的钢丝绳静防滑安全系数应大于1.75;动防滑安全系数应大于1.25;重载侧和空载侧的静张力比应小于1.5。

6.4.8.22 提升人员的提升机应由人工控制启动。每班升降人员之前,应空车运行一个循环,检查提升机的运行情况,并将检查结果记录存档。连续运转时,可不受此限。

发生故障时司机应立即向调度报告,并应记录停车时间、故障原因、修复时间和所采取的措施。事故及处理记录应由相关人员签字确认后存档。

6.4.8.23 矿山应保存下列技术资料:
——提升机使用说明书;
——制动装置的结构图和制动系统图;
——电气系统图和控制原理图;
——提升系统图;
——设备运转记录;
——检验和更换钢丝绳的记录;
——大、中、小修记录;
——岗位责任制和操作规程;
——司机班中检查和交接班记录;
——提升系统的检查和检验记录。

6.4.8.24 提升机室内应悬挂提升系统图、制动系统图、电气控制原理图、提升系统的技术特征、岗位责任制和操作规程等。

6.5 矿岩粗破碎

6.5.1 井下粗破碎站应符合下列要求:
——矿仓口周围应设围挡或防护栏杆;
——卸车平台受料口应设牢固的安全限位车挡,车挡高度不小于车轮轮胎直径的1/3;
——破碎机受料槽和缓冲仓排料口应设视频监视;
——矿仓口卸料时应采取喷雾降尘措施。

6.5.2 处理大块物料或者设备上部矿仓、破碎机内部、破碎机下部矿仓内的物料应执行5.3.3~5.3.7的规定。

6.6 井下环境

6.6.1 井下空气

6.6.1.1 井下空气成分应符合下列要求：
——采掘工作面进风风流中的 O_2 体积浓度不低于20%，CO_2 体积浓度不高于0.5%；
——入风井巷和采掘工作面的风源含尘量不大于 0.5 mg/m³；
——作业场所空气中有害气体浓度不超过表4规定；
——作业场所空气中粉尘（总粉尘、呼吸性粉尘）浓度不超过表5的规定。

表 4 采矿工作面进风风流中有害气体浓度限值

有害气体名称	限值/%
一氧化碳（CO）	0.0024
氮氧化物（换算成 NO_2）	0.00025
二氧化硫（SO_2）	0.0005
硫化氢（H_2S）	0.00066
氨（NH_3）	0.004

表 5 作业场所空气中粉尘浓度限值

游离 SiO_2 的质量分数/%	时间加权平均浓度限值/(mg·m⁻³)	
	总粉尘	呼吸性粉尘
<10	4	1.5
10～50	1	0.7
50～80	0.7	0.3
≥80	0.5	0.2
注：时间加权平均浓度限值是每天 8 h 工作时间内接触的平均浓度限值。		

6.6.1.2 含铀、钍等放射性元素的矿山，井下空气中氡及其子体的浓度应符合 GB 18871 的有关规定。

6.6.1.3 矿井进风应满足下列要求：
——井下工作人员供风量不少于 4 m³/(min·人)；

——排尘风速:硐室型采场不小于 0.15 m/s,饰面石材开采时不小于 0.06 m/s;巷道型采场和掘进巷道不小于 0.25 m/s;电耙道和二次破碎巷道不小于 0.5 m/s;箕斗硐室、装矿皮带道等作业地点的风速不小于 0.2 m/s;

——破碎机硐室:采用旋回破碎机的,风量不小于 12 m³/s;采用其他破碎机的,风量不小于 8 m³/s,采用 2 台破碎设备时,不小于 12 m³/s;

——柴油设备运行时供风量不小于 4 m³/(min·kW);

——满足 6.6.1.4 规定的风速要求。

6.6.1.4 有人员作业场所的井下气象条件应符合下列要求:

——人员连续作业场所的湿球温度不高于 27 ℃,通风降温不能满足要求时,应采取制冷降温或其他防护措施;

——湿球温度超过 30 ℃时,应停止作业;

——湿球温度为 27 ℃~30 ℃时,人员连续作业时间不应超过 2 h,且风速不小于 1.0 m/s;

——湿球温度为 25 ℃~27 ℃时,风速不小于 0.5 m/s;

——湿球温度 20 ℃~25 ℃时,风速不小于 0.25 m/s;

——湿球温度低于 20 ℃时,风速不小于 0.15 m/s。

6.6.1.5 进风井巷空气温度应不低于 2 ℃;低于 2 ℃时,应有空气加热设施。不应采用明火直接加热进入矿井的空气。

严寒地区的提升竖井和作为安全出口的竖井应有保温措施,防止井口及井筒结冰。如有结冰应及时处理,处理结冰前应撤离井口和井下各中段马头门附近的人员,并做好安全警戒。

有放射性的矿山,不应用老窿或老巷预热或降温。

6.6.1.6 井巷内平均风速应不超过表 6 的规定。

表 6 井巷断面平均风速限值

井巷名称	平均风速限值/(m·s⁻¹)
专用风井、专用总进风道、专用总回风道	20
用于回风的物料提升井	12
提升人员和物料的井筒、用于进风的物料提升井、中段的主要进风道和回风道、修理中的井筒、主要斜坡道	8
运输巷道、输送机斜井、采区进风道	6
采场	4

6.6.2 通风系统

6.6.2.1 地下矿山应采用机械通风。设有在线监测系统的矿山应根据监测结果及时调整通风系统；未设置在线监测系统的矿山每年应对通风系统进行1次检测，并根据检测结果及时调整通风系统。矿山应及时更新通风系统图。通风系统图应标明通风设备、风量、风流方向、通风构筑物、与通风系统隔离的区域等。

6.6.2.2 矿井通风系统的有效风量率应不低于60%。

6.6.2.3 矿山形成系统通风、采场形成贯穿风流之前不应进行回采作业。

6.6.2.4 进入矿井的空气不应受到有害物质的污染，主要进风风流不应直接通过采空区或塌陷区；需要通过时，应砌筑严密的通风假巷引流。

主要进风巷和回风巷应经常维护，不应堆放材料和设备，应保持清洁和风流畅通。

放射性矿山回风井与进风井的间距应大于300 m。

矿井排出的污风不应对矿区环境造成危害。

6.6.2.5 箕斗井、混合井作进风井时，应采取有效的净化措施，保证空气质量。

6.6.2.6 井下硐室通风应符合下列要求：
——来自破碎硐室、主溜井等处的污风经净化处理达标后可以进入通风系统；未经净化处理达标的污风应引入回风道；
——爆破器材库应有独立的回风道；
——充电硐室空气中 H_2 的体积浓度不超过0.5%；
——所有机电硐室都应供给新鲜风流。

6.6.2.7 采场、二次破碎巷道和电耙巷道应利用贯穿风流通风或机械通风。

6.6.2.8 采场回采结束后，应及时密闭采空区，并隔断影响正常通风的相关巷道。

6.6.2.9 风门、风桥、风窗、挡风墙等通风构筑物应由专人负责检查、维修，保持完好严密状态。主要运输巷道应设两道风门，其间距应大于一列车的长度。手动风门应与风流方向成80°~85°的夹角，并逆风开启。

6.6.2.10 使用风桥应遵守下列规定：
——不应使用木制风桥；
——风桥与巷道的连接处应做成弧形。

6.6.3 通风机

6.6.3.1 正常生产情况下主通风机应连续运转,满足井下生产所需风量。当主通风机发生故障或需要停机检查时,应立即向调度室和矿山企业主要负责人报告,并采取必要措施。

6.6.3.2 每台主通风机电机均应有备用,并能迅速更换。同一个硐室或风机房内使用多台同型号电机时,可以只备用1台。

6.6.3.3 主通风设施应能使矿井风流在 10 min 内反向,反风量不小于正常运转时风量的60%。采用多级机站通风的矿山,主通风系统的每台通风机都应满足反风要求,以保证整个系统可以反风。

每年应至少进行1次反风试验,并测定主要风路的风量。

6.6.3.4 主通风机房应设有测量风压、风量、电流、电压和轴承温度等的仪表。每班都应对通风机运转情况进行检查,并有运转记录。采用自动控制的主通风机,每两周应进行1次自控系统的检查。

6.6.3.5 掘进工作面和通风不良的工作场所,应设局部通风设施,并应有防止其被撞击破坏的措施。

6.6.3.6 局部通风应采用阻燃风筒,风筒口与工作面的距离:压入式通风不应超过 10 m;抽出式通风不应超过 5 m;混合式通风,压入风筒的出口不应超过 10 m,抽出风筒入口应滞后压入风筒出口 5 m 以上。

6.6.3.7 人员进入独头工作面之前,应启动局部通风机通风,确保空气质量满足作业要求,较长时间无人进入的工作面还应进行空气质量检测。独头工作面有人作业时,通风机应连续运转。

6.6.3.8 停止作业且无贯穿风流的采场、独头巷道,应设栅栏和警示标志,防止人员进入。重新进入前,应进行通风并检测空气成分,确认安全后方准进入。

6.6.4 矿井降温

6.6.4.1 矿山应采取措施避免热环境损害员工健康。

6.6.4.2 有可能产生热害的矿山,应监测和控制工作面的气象条件;对员工进行防止热害的培训;为员工配备热害防护装备。

6.6.4.3 热害矿山应制定针对热害的工作制度和管理制度,编制主通风机、制冷系统等停止工作时的应急预案。

6.6.4.4 通风和制冷系统应随开采方案的改变以及矿山开拓、生产的进展进行相应调整。

6.6.4.5 有爆炸危险的矿山，井下制冷降温设备应采用防爆型。

6.6.4.6 地表制冷站采用氨作为制冷剂时，机房距井口应大于200 m。

6.6.4.7 井下制冷站严禁采用氨作为制冷剂，并应有制冷剂泄露监测设施和应急预案。

6.7 电气设施

6.7.1 矿山供电

6.7.1.1 人员提升系统、矿井主要排水系统的负荷应作为一级负荷，由双重电源供电，任一电源的容量应至少满足矿山全部一级负荷电力需求。应采取措施保证两个电源不会同时损坏。

6.7.1.2 主变配电所设置应符合5.6.1.1的规定。

6.7.1.3 主变电所主变压器设置应遵守5.6.1.2的规定。

6.7.1.4 井下采用的电压应符合下列规定：
- ——高压，不超过35 kV；
- ——低压，不超过1140 V；
- ——运输巷道、井底车场照明，不超过220 V；采掘工作面、出矿巷道、天井和天井至回采工作面之间照明，不超过36 V；行灯电压不超过36 V；
- ——手持式电气设备电压不超过127 V；
- ——电机车牵引网络电压：交流不超过380 V；直流不超过750 V。

6.7.1.5 井下变、配电所的电源及供电回路设置应符合下列规定：
- ——由地面引至井下各个变、配电所的电力电缆总回路数不少于两回路；当任一回路停止供电时，其余回路应能承担该变电所的全部负荷；
- ——有一级负荷的井下变、配电所，主排水泵房变、配电所，在有爆炸危险或对人体健康有严重损害危险环境中工作的主通风机和升降人员的竖井提升机，应由双重电源供电；
- ——井下主变、配电所和具有低压一级负荷的变、配电所的配电变压器不得少于2台；1台停止运行时，其余变压器应能承担全部负荷；
- ——上述设备的控制回路和辅助设备，应有与主设备同等可靠的电源；
- ——为井下一级负荷供电的35 kV及以下除采用钢制杆塔外的地面架空线路不得共杆架设；

——经由地面架空线路引入井下变、配电所的供电电缆，应在架空线与电缆连接处装设避雷装置。

6.7.1.6 向井下供电的 6 kV~35 kV 系统中性点接地方式应符合下列规定：

a) 1140 V 及以下低压配电系统中性点应采用 IT 系统、TN-S 系统或中性点经电阻接地系统；有爆炸危险的矿山应采用 IT 系统；

b) 向井下采场供电的 6 kV~35 kV 系统中性点不得采用直接接地系统；

c) 6 kV~35 kV 系统单相接地故障点的电流应满足下述条件：

——当 6 kV~35 kV 系统中性点不接地时，单相接地故障点的电流不大于 10 A；

——当 6 kV~35 kV 系统中性点低电阻接地时，单相接地故障点的电流不大于 200 A。

d) 井下低压配电系统采用 IT 系统或采用中性点经高电阻接地系统时，除装设必要的保护装置外，还应至少设置下列监测设备和保护装置之一：

——绝缘监测装置（IMD）；

——绝缘故障定位系统（IFLS）；

——剩余电流监测装置（RCM）或剩余电流保护装置（RCD）。

e) 井下 1000 V（1140 V）及以下低压配电系统采用 TN-S 系统时，除装设必要的保护装置外，还应满足一级负荷的供电要求和下列条件：

——整个系统的中性导体和保护导体应严格分开；中性导体和保护导体分开后，不应连接在一起；

——在任何情况下保护导体不应有工作电流；

——互连的保护导体应严格连接到地；

——所有外露可导电部分应连接至接地保护导线；该保护导体在操作过程中不得断开，不应有过电流保护装置；

——馈电端应安装带有剩余电流装置（RCD）或剩余电流监视装置（RCM）的开关装置；

——剩余电流装置最大额定电流为 0.5 A；剩余电流保护装置（RCD）或交流/直流剩余电流监视装置（RCM）的动作时限为 0.2 s。

6.7.1.7 井下低压配电系统采用 IT 系统时，配电系统电源端的带电部分应不接地或经高阻抗接地；配电系统相导体和外露可导电部分之间第 1 次出现阻抗可忽略的故障时，故障电流不大于 5 A。

6.7.1.8 引至采掘工作面的电源线应装设具有明显断开点的隔离电器。

6.7.2 电缆

6.7.2.1 井下应采用低烟、低卤或无卤的阻燃电缆。

6.7.2.2 井下电缆应符合下列要求：
——在竖井井筒或倾角45°及以上的井巷内，固定敷设的电缆应采用交联聚乙烯绝缘粗钢丝铠装聚氯乙烯护套电力电缆或聚氯乙烯绝缘粗钢丝铠装聚氯乙烯护套电力电缆；
——在水平巷道或倾角小于45°的井巷内，固定敷设的高压电缆应采用交联聚乙烯绝缘钢带或细钢丝铠装聚氯乙烯护套电力电缆、聚氯乙烯绝缘钢带或细钢丝铠装聚氯乙烯护套电力电缆；
——移动式变电站的电源电缆应采用井下矿用监视型屏蔽橡套电缆；
——非固定敷设的高低压电缆、移动式和手持式电气设备应采用矿用橡套软电缆；
——移动式照明线路应采用橡套电缆；有可能受机械损伤的固定敷设照明电缆应采用钢带铠装电缆；
——硐室内应采用塑料护套钢带（或钢丝）铠装电缆；
——井下信号和控制用线路应采用铠装电缆；
——矿用橡套电缆的接地芯线不应兼作其他用途；
——重要电源电缆、移动式电气设备的电缆及井下有爆炸危险环境的低压电缆应采用铜芯电缆。

6.7.2.3 敷设在竖井井筒内的电缆不应有接头。电缆接头应设置在中段水平巷道内。

6.7.2.4 敷设在钻孔中的电缆应紧固在钢丝绳上。钻孔应加装金属保护套管。

6.7.2.5 在水平巷道的个别地段沿底板敷设电缆时应用钢质或不燃性材料覆盖；电缆不应敷设在排水沟中。

6.7.2.6 井下电缆敷设应符合下列规定：
——水平或倾斜巷道内悬挂的电缆，在矿车、机车掉道时或其他运输车辆运行时不应受到撞击；电缆坠落时不会落在带式输送机上或车辆正常运行的通道上；
——水平或倾斜巷道内的电缆悬挂点的间距不大于3 m；竖井电缆悬挂点的间距不大于6 m；
——电缆固定装置应能承受电缆重量，且不应损坏电缆的外皮；电缆上不

——不应将电缆悬挂在风、水管路上；电缆与风、水管路平行敷设时，应敷设在管路上方 300 mm 以上；

——高、低压电力电缆敷设在巷道同一侧时，高压电缆应敷设在上方；

——高、低压电力电缆之间的净距应不小于 100 mm；高压电缆之间、低压电缆之间的净距应不小于 50 mm，并应不小于电缆外径；

——电力电缆与通信电缆或光缆敷设在巷道同一侧时，电力电缆应在通信电缆下方，且净距不小于 100 mm；电力电缆与通信电缆或光缆在井筒内敷设时，净距不小于 300 mm；

——裸露的电缆的铠装或金属外皮应作防腐蚀处理；

——供给一级负荷用电的两回电源线路应配置在不同层支架或不同侧的支架上，并应实行防火分隔。

6.7.3 电气设备及保护

6.7.3.1 井下不应采用油浸式电气设备。

6.7.3.2 向井下供电的线路不得装设自动重合闸装置。

6.7.3.3 从井下变配电所引出的低压馈出线应装设带有过电流保护的断路器，且被保护线路末端的最小短路电流不应低于断路器瞬时或短延时脱扣器整定电流的 1.5 倍。

6.7.3.4 井下 3 kV～35 kV 配电系统单相接地保护应符合下列规定：

——中性点不接地、高电阻接地或消弧线圈接地时，变、配电所的高压馈出线上应装有选择性的单相接地保护；接地保护应动作于跳闸或信号；向移动变电站供电的高压馈出线，应装设有选择性的单相接地保护，保护应无时限地动作于跳闸；

——中性点低电阻接地时，井下各级变、配电所高压馈线均应装设二段零序电流保护；其第一段应采用动作时限不长于 0.3 s 的零序电流速断，直接向电动机、变压器和移动变电站供电的高压馈线应采用无时限的零序电流速断；第二段应采用零序过电流保护，时限应与相间过电流保护相同。

6.7.3.5 井下低压配电 IT 系统应有自动切断电源的故障防护措施，并应符合下列规定：

——当绝缘下降至整定值时，应由监测设备发出可听和（或）可见信号；

——有爆炸危险环境发生对外露导电部分或对地的单一接地故障时，防护装置应立即切断故障线路；
——无爆炸危险环境发生对外露导电部分或对地的单一接地故障时：若预期接触电压不超过36 V，可短时继续运行，并由绝缘监视装置发出可听和（或）可见的报警信号；若预期接触电压超过36 V，防护装置应立即切断故障线路；当发生第二次异相接地故障时，应由过电流保护器或剩余电流保护器切断故障回路。

6.7.4 电气硐室

6.7.4.1 电气硐室应符合下列要求：
——不应采用可燃性材料支护；
——硐室的顶板和墙壁应无渗水；
——中央变电所的地面应比其入口处巷道底板高出0.5 m以上；与水泵房毗邻时，应高于水泵房地面0.3 m；
——采区变电所及其他电气硐室的地面应比其入口处的巷道底板高出0.2 m；
——硐室地面应以2‰~5‰的坡度向巷道等标高较低的方向倾斜；
——电缆沟应无积水。

6.7.4.2 电气设备硐室应符合下列规定：
——长度超过9 m的硐室，应在硐室的两端各设一个出口；
——出口应设防火门和向外开的铁栅栏门；有淹没危险时，应设防水门。

6.7.4.3 硐室内应配备消防器材。

6.7.4.4 硐室内各种电气设备的控制装置，应注明编号和用途，并有停送电标志。硐室入口应悬挂"非工作人员禁止入内"的标志牌，高压电气设备应悬挂"高压危险"的标志牌，并应有照明。无人值守的硐室应关门加锁。

6.7.5 照明

6.7.5.1 井下所有作业地点、安全通道和通往作业地点的通道均应设照明。

6.7.5.2 下列场所应设置应急照明：
——井下变电所；
——主要排水泵房；
——监控室、生产调度室、通信站和网络中心；

——提升机房；

——通风机房；

——副井井口房；

——矿山救护值班室。

非消防工作区域继续工作应急照明连续供电时间不应少于 2 h；消防应急照明和灯光疏散指示标志的备用电源的连续供电时间不应少于 0.5 h。

6.7.5.3 采、掘工作面应采用移动式电气照明，移动式照明灯具应具有良好的透光和耐震性能，坚固耐用，并有金属保护网等安全措施。

6.7.5.4 照明变压器应采用专用线路供电。照明电源应从其供电变压器低压出线侧的断路器之前引出。

6.7.5.5 井下照明灯具应防水、防潮、防尘；井下爆破器材库照明应采取防爆措施。

6.7.6 保护接地

6.7.6.1 井下电气装置、设备的外露可导电部分和构架及电缆的配件、接线盒、金属外皮等应接地。

6.7.6.2 直接从地面供电的井下变、配电所的接地母线应与其附近的下列可导电部分作总等电位联结：

——供水、排水、排泥、压缩空气、充填管路等金属物；

——沿井巷装设的金属结构。

6.7.6.3 非直接从地面供电的井下变、配电所和移动变电站的接地母线应与6.7.6.2规定的外界可导电部分就近作局部等电位联结。

6.7.6.4 下列地点应设局部接地装置：

——采区变电所和工作面配电点；

——电气设备硐室；

——单独的高压配电装置；

——连接高压电力电缆的接线盒金属外壳。

6.7.6.5 井下电气设备保护接地系统应符合下列规定：

——井下各开采水平的主接地装置和所有局部接地装置应通过接地干线相互连接，构成井下总接地网；

——需要接地的设备和局部接地极均应与接地干线连接；

——不应将两组主接地极置于同一个水仓或集水井内；

——移动式电气设备应采用矿用橡套电缆的接地芯线接地。

6.7.6.6 主接地极应设在井下水仓或集水井中,且应不少于两组,应采用面积不小于 0.75 m²、厚度不小于 5 mm 的钢板作为主接地极。

6.7.6.7 接地干线应采用截面积不小于 100 mm²、厚度不小于 4 mm 的扁钢,或直径不小于 12 mm 的圆钢。电气设备外壳与接地干线的连接线(采用电缆芯线接地的除外)、电缆接线盒两头的电缆金属连接线,应采用截面积不小于 48 mm²、厚度不小于 4 mm 的扁钢或直径不小于 8 mm 的圆钢。

6.7.6.8 局部接地极应符合下列要求:

——局部接地极设置在排水沟或积水坑中时,应采用面积不小于 0.6 m²、厚度不小于 3.5 mm 的钢板,或具有同样表面积、厚度不小于 3.5 mm 的钢管,并应平放于水沟深处;

——局部接地极设置在其他地点时,应采用直径不小于 35 mm、长度不小于 1.5 m、壁厚不小于 3.5 mm 的钢管,钢管上至少应有 20 个直径不小于 5 mm 的孔,并竖直埋入地下。

6.7.6.9 接地装置所用的钢材应镀锌。

6.7.6.10 当任一主接地极断开时,在其余主接地极连成的接地网上任一点测得的总接地电阻不应大于 2 Ω。接地线及其连接部位应设在便于检查和试验的地方。

6.7.6.11 移动式电气设备与接地网之间的保护接地线电阻应不大于 1 Ω。

6.7.7 通信与监测监控

6.7.7.1 地下矿山应建立人员下井登记检查制度和相应的管理制度。

6.7.7.2 地下矿山应建立有线调度通信系统。

6.7.7.3 大中型地下矿山应建立监测监控系统,监控网络应当通过网络安全设备与其他网络互通互联;最大班下井人数超过 30 人的应设人员定位系统,下井人员应随身携带标识卡。

6.7.7.4 以下地点应设直通矿调度室的有线调度电话:

——地面变电所、通风机房、提升机房、空压机房、充填制备站等;

——马头门、中段车场、井底车场、装矿点、卸矿点、转载点、粉矿回收水平等;

——采矿作业中段或分段的适当位置,掘进工程的适当位置;

——井下主要水泵房、中央变电所、采区变电所、调度硐室、破碎站、通风机控制硐室、带式输送机控制硐室、设备维修硐室等主要机电设备硐室；

——爆破时撤离人员集中地点、避灾硐室、油库、加油站、爆破器材库等重要位置。

6.7.7.5 有线调度通信系统应采用专用通信电缆；调度电话至调度交换机和安全栅应采用矿用通信电缆直接连接，不得利用大地作回路。井下调度电话不应由井下就地供电，或者经有源中继器接调度交换机。

6.7.7.6 井下通信系统应满足下列要求：

——井下有线通信系统应设两路通信电缆，分别从不同的井筒进入井下；其中任何一路通信电缆都应能满足井下与地表通信需要；

——井下通信设备应满足电磁兼容要求，在巷道内安装时应满足防水、防腐、防尘要求，防护等级应不低于 IP54；

——通信系统应有防雷电保护措施；

——通信系统应连续运行，电网停电后，备用电源应能保证系统连续工作 2 h 以上。

6.7.7.7 人员定位系统应符合下列要求：

——有人员出入的井口、重点区域出入口、限制区域等应当设置读卡分站；

——人员定位系统应具备检测标识卡是否正常、是否唯一的功能。

6.7.7.8 监测监控系统和人员定位系统主机及联网主机应当双机热备份，连续运行。电网停电后，备用电源应能支持系统连续工作 2 h 以上。

6.7.7.9 监测监控系统应符合下列要求：

——监测监控设备的电源应取自被控开关的电源侧或者专用电源，严禁接在被控开关的负荷侧；

——检修与监测监控设备关联的电气设备，需要监控设备停止运行时，应制定安全措施，并报矿山企业主要负责人审批；

——监测监控设备发生故障应及时处理，在故障处理期间应采取人工监测等安全措施，并填写故障记录；

——监测监控系统应能实时上传和保存监控数据；数据保存时间不少于 1 个月，并可随时调用；

——矿调度室值班人员应当监视监控信息、填写运行日志；系统发出报警、断电、馈电异常等信息时，值班人员应采取措施及时处理；处理过程和结果应当记录备案。

6.7.7.10 矿山应绘制、及时更新和保存井下通信系统图、人员定位系统图、监测监控系统图；图纸应标明有线调度通信系统、人员定位系统、监测监控系统的设备种类、数量和位置，通信电缆、电源电缆的敷设线路。

6.7.8 检查、维修和操作

6.7.8.1 矿山应建立电气作业安全制度，规定工作票、工作许可、监护、间断、转移和终结等工作程序。严禁非电专业人员从事电气作业。

6.7.8.2 井下电气设备应按表7规定由电气维修工进行检测，及时处理检测中发现的问题，并将检测和处理结果记录存档。

表7 电气设备检查制度

检查项目	检查时间
井下自动保护装置检查	每季1次（负荷变化时应当及时整定）
主要电气设备绝缘电阻测定	每季1次
井下全部接地网和总接地网电阻测定	每季1次
高压电缆耐压试验、橡套电缆检查	每季1次
新安装和长期没运行的电气设备，合闸前应测量绝缘和接地电阻	投入运行前

6.7.8.3 井下电气工作人员应遵守下列规定：
— 重要线路和重要工作场所的停、送电，以及1000 V（1140 V）以上的电气设备检修，应持有主管电气工程师签发的工作票，方准进行作业；
— 不应带电检修或搬动任何带电设备、电缆和电线；检修或搬动时，应先切断电源，并将导体完全放电和接地；
— 停电检修时，所有已切断电源的开关把手均应加锁；对该回路验电、放电，将线路接地，并且悬挂"有人作业，禁止送电"的警示牌；只有执行这项工作的人员，才有权取下警示牌并送电；
— 不应单人作业；
— 未经许可不得操作、移动和恢复电气设备；
— 紧急情况下可以为切断电源而操作电气设备。

6.7.8.4 手持式电气设备的操作手柄和工作中必须接触的部分应有良好绝缘。

6.7.8.5 沿地面敷设的、向移动设备供电的橡套电缆中间不应有接头；应采取措施避免电缆被移动设备损坏。

6.7.8.6 移动设备司机离开时应切断电源。

6.8 防排水

6.8.1 一般规定

水文地质条件复杂的矿山，建设前应进行专门的水文地质勘查，在基建、生产过程中持续开展有关防治水方面的调查、监测工作。

6.8.2 地面防水

6.8.2.1 应查清矿区及其附近地表的水流系统、汇水面积、河流沟渠汇水情况、疏水能力、积水区、水利工程现状和规划情况，以及当地日最大降雨量、历年最高洪水位，并结合矿区特点建立和健全防水、排水系统。

6.8.2.2 每年雨季前，矿山应组织1次防水检查，并编制防水计划。防水工程应在雨季前竣工。

6.8.2.3 矿井（竖井、斜井、平硐等）井口的标高应高于当地历史最高洪水位1m以上。工业场地的地面标高应高于当地历史最高洪水位。

6.8.2.4 井下疏干放水有可能导致地表塌陷时，应先将潜在塌陷区的居民迁走，公路和河流改道，再进行疏放水。矿区不能进行大规模疏放水时，应采取帷幕注浆堵水等防治水措施。

6.8.2.5 矿区及其附近的地表水或大气降水有可能危及井下安全时，应根据具体情况采取设防洪堤、截水沟、封闭溶洞或报废的矿井和钻孔、留设防水矿柱等防范措施。

6.8.2.6 矿石、废石和其他堆积物不应堵塞山洪通道，不应淤塞沟渠和河道。

6.8.3 井下防水

6.8.3.1 应调查核实矿区范围内的小矿井、老井、老采空区、现有生产矿井的积水区、含水层、岩溶带、地质构造等详细情况，并填绘矿区水文地质图。

6.8.3.2 对积水的旧井巷、老采区、流砂层、各类地表水体、沼泽、强含水层、强岩溶带等不安全地带，如不能采取疏放水措施保证开采安全，应留设安全矿（岩）柱。防治水设计应确定安全矿（岩）柱的尺寸，在设计规定的保留期内不应开采或破坏安全矿（岩）柱。在上述区域附近开采时应采取预防突然涌水的安全措施。

6.8.3.3 矿山井下最低中段的主水泵房和变电所的进口应装设防水门，防水门压力等级不低于 0.1 MPa。水仓与水泵房之间应隔开，隔墙、水仓与配水井之间的配水阀的压力等级应与防水门相同。

水文地质条件复杂的矿山应在关键巷道内设置防水门，防止水泵房、中央变电所和竖井等井下关键设施被淹。防水门压力等级应高于其承受的静压且高于一个中段高度的水压。

通往强含水带、积水区、有可能突然大量涌水区域的巷道和专用的截水、放水巷道应设置防水门。防水门压力等级应高于其承受的静压。

防水门应设置在岩石稳固的地点，由专人管理，定期维修，确保可以随时启用。

6.8.3.4 矿井最大涌水量超过正常涌水量的 5 倍，且大于 50000 m^3/d 时，应在中段石门设置防水门，减少进入水仓的水量。

6.8.3.5 对接近水体的地带或与水体有联系的可疑地段，应坚持"有疑必探，先探后掘"的原则，编制探水设计。

6.8.3.6 掘进工作面或其他地点发现透水预兆时，应立即停止工作，并报告矿山企业主要负责人，采取措施。情况紧急时应立即发出警报，撤出所有可能受透水威胁的人员。

6.8.3.7 进行老采空区、硫化矿床氧化带的溶洞、与深大断裂有关的含水构造探水作业时，以及进行被淹井巷的排水和放水作业时，为预防有害气体逸出造成危害，应事先采取通风安全措施，并使用防爆照明灯具。发现有害气体、易燃气体泄出应及时采取处置措施。

6.8.3.8 受地下水威胁的矿山应采取矿床疏干、堵水等治理措施。

6.8.3.9 裸露型岩溶充水矿区、地面塌陷发育的矿区，应做好气象观测。雨季应加强降雨观测并根据暴雨强度采取应对措施，直至暂停生产。

6.8.3.10 井筒掘进过程中预测裸露段涌水量大于 20 m^3/h 时应先行治水。井巷穿越强含水层或高压含水断裂破碎带之前应治水后再掘进。

6.8.4 井下排水设施

6.8.4.1 主要水仓应由两个独立的巷道系统组成。最低中段水仓总容积应能容纳 4 h 的正常涌水量；正常涌水量超过 2000 m^3/h 时，应能容纳 2 h 的正常涌水量，且不小于 8000 m^3。应及时清理水仓中的淤泥，水仓有效容积不小于总容积的 70%。

6.8.4.2 井下最低中段的主水泵房出口不少于两个;一个通往中段巷道并装设防水门;另一个在水泵房地面 7 m 以上与安全出口连通,或者直接通达上一水平。水泵房地面应至少高出水泵房入口处巷道底板 0.5 m;潜没式泵房应设两个通往中段巷道的出口。

6.8.4.3 井下主要排水设备应包括工作水泵、备用水泵和检修水泵。工作水泵应能在 20 h 内排出一昼夜正常涌水量;工作水泵和备用水泵应能在 20 h 内排出一昼夜的设计最大排水量。备用水泵能力不小于工作水泵能力的 50%;检修水泵能力不小于工作水泵能力的 25%。只设 3 台水泵时,水泵型号应相同。

6.8.4.4 应设工作排水管路和备用排水管路。水泵出口应直接与工作排水管路和备用排水管路连接。工作排水管路应能配合工作水泵在 20 h 内排出一昼夜正常涌水量;全部排水管路应能配合工作水泵和备用水泵在 20 h 内排出一昼夜的设计最大排水量。任意一条排水管路检修时,其他排水管路应能完成正常排水任务。

6.9 防灭火

6.9.1 一般规定

6.9.1.1 地面防火应遵守 5.7.2 的相关规定。

6.9.1.2 应结合井下供水系统设置井下消防管路。

6.9.1.3 下列场所应设消火栓:
——内燃自行设备通行频繁的主要斜坡道和主要平硐;
——燃油储存硐室和加油站;
——主要中段井底车场和无轨设备维修硐室。

6.9.1.4 斜坡道或巷道中的消火栓设置间距不大于 100 m;每个消火栓应配有水枪和水带,水带的长度应满足消火栓设置间距内的消防要求。

6.9.1.5 井下消防系统应符合下列规定:
——井下消防供水水池应能服务井下所有作业地点,水池容积不小于 200 m^3;
——消火栓栓口动压力应为 0.25 MPa~0.5 MPa;供水系统压力过大时应采取减压措施;
——消火栓最不利点的水枪充实水柱不小于 7 m;
——消防主水管内径不小于 80 mm。

6.9.1.6 木材场、有自然发火危险的矿岩堆场、炉渣场,应布置在常年最小频率风向上风侧,距离进风井口80 m以上。

6.9.1.7 在下列地点或区域应配置灭火器:
——有人员和设备通行的主要进风巷道、进风井井口建筑、主要通风机房和压入式辅助通风机房、风硐及暖风道;
——人员提升竖井的马头门、井底车场;
——变压器室、变配电所、电机车库、维修硐室、破碎硐室、带式输送机驱动站等主要机电设备硐室、油库和加油站、爆破器材库、材料库、避灾硐室、休息或排班硐室等;
——内燃自行设备通行频繁的斜坡道和巷道,灭火器配置点间距不大于300 m。

6.9.1.8 每个灭火器配置点的灭火器数量不少于2具,灭火器应能扑灭150 m范围内的初始火源。

6.9.1.9 井口和平硐口50 m范围内的建筑物内不得存放燃油、油脂或其他可燃材料。

6.9.1.10 井下车库、加油站和储油硐室应符合下列要求:
——应设在发生火灾或爆炸事故时对井下主要设施及作业区影响最小的位置;
——加油站、储油硐室应和车库分开;
——应设置防止失控车辆闯入的保护措施;
——在显著位置设置"严禁烟火"的标志。

6.9.1.11 储油硐室和加油站应符合下列要求:
——应有独立回风道;
——与巷道连接处应设甲级防火门;
——储油量不超过三昼夜的需用量;
——每个油罐或者油桶均应有明确标识和编号;
——储油硐室附近和加油站内应设集油坑;
——集油坑容积:储存油罐的不小于油罐容积的1.5倍;储存油桶的不小于最大油桶容积的1.1倍;加油站的不小于0.5 m^3;
——应定期检查油罐,发现泄漏立即停止使用;
——修理油罐应采取安全措施,经过审批后进行;
——油桶应分类摆放整齐,油桶和空桶分开存放,并严密封盖;
——地面和墙壁应光滑、不渗漏,应有使溢流流向集油坑的坡度;

——收集的油料应尽快运出矿井。

6.9.1.12 运送燃油的油罐不得与其他物料混装。运油车辆的显著位置应有"严禁烟火"标志。运油车辆应配备消防器材。

6.9.1.13 车辆加油时,应采用输油泵或唧管输油,操作人员应按规范进行操作;加油过程中应严格控制加油的速度;发生跑、冒、漏油时,应及时处理。

6.9.1.14 井下燃油设备或液压设备不应漏油,出现漏油应及时处理。

6.9.1.15 采用管道向井下输送燃油时,地表油罐应距离井口 50 m 以上,并远离常年最大频率风向的井口上风侧。井巷中的输油管应和动力电缆分开布置,并能避免坠落物的撞击。巷道中的输油管应挂有"严禁烟火""油管"等标志。不应在容易发生变形的井筒和巷道采用管道输送燃油。

6.9.1.16 井下固定柴油设备应安装在不可燃的基础上,并应装有热传感器,当温度过高时能自动停止发动机。

6.9.1.17 井下不得使用乙炔发生装置。

6.9.1.18 不应用明火直接加热井下空气或烘烤井口冻结的管道。井下不应使用电炉和灯泡防潮、烘烤和采暖。

6.9.1.19 矿山应建立动火制度,在井下和井口建筑物内进行焊接等明火作业,应制定防火措施,经矿山企业主要负责人批准后方可动火。在井筒内进行焊接时应派专人监护;在作业部位的下方应设置收集焊渣的设施;焊接完毕应严格检查清理。

6.9.1.20 矿井发生火灾时,主通风机是否继续运转或反风,应根据矿井火灾应急预案和当时的具体情况,由矿山企业主要负责人决定。

6.9.2 防自然发火

6.9.2.1 有自然发火危险的矿山应设井下环境监测系统,实现连续自动监测与报警。监测内容应包括井下空气成分、温度、湿度和水的 pH 值等,应系统研究内因火灾的特点和发火规律。有沼气渗出的矿山,应加强沼气监测。

6.9.2.2 开采有自然发火危险的矿床应采取以下防火措施:
——主要运输巷道、总进风道、总回风道,均应布置在无自然发火危险的围岩中,并采取预防性注浆或者其他有效措施;
——选择合适的采矿方法,合理划分矿块,并采用后退式回采顺序;根据采取防火措施后的矿床最短发火期确定采区开采期限;充填法采矿时,应采用惰性充填材料及时充填采空区;

——应有灭火的应急预案；
——采用黄泥或其他物料注浆灭火时应按应急预案规定的钻孔网度、料浆浓度和注浆系数进行；
——应防止上部中段的水泄漏到采矿场，并防止水管在采场漏水；
——严密封闭采空区；
——应清理采场矿石，工作面不应留存坑木等易燃物。

6.9.3 井下灭火

6.9.3.1 发现井下起火应立即采取一切可能的措施直接扑灭，并迅速报告矿调度室；矿山各层级应按照矿井火灾应急预案，首先将人员撤离危险地区，并组织人员，利用现场的一切工具和器材及时灭火。火源不能扑灭时，应封闭火区。

6.9.3.2 电气设备着火时，应首先切断电源。在电源切断之前，不能用导电的灭火器材灭火。

6.9.3.3 矿山企业主要负责人接到火灾报告后，应立即组织有关人员查明火源及发火地点的情况；根据矿井火灾应急预案，拟定具体的灭火和抢救行动计划。同时应采取措施防止风流自然反向和有害气体蔓延。

6.9.3.4 需要封闭的发火地点应先采取临时封闭措施，然后再砌筑永久性防火墙。进行封闭工作之前，应由佩戴隔绝式呼吸器的救护队员检查回风流的成分和温度。在有害气体中封闭火区，应由救护队员佩戴隔绝式呼吸器进行。在新鲜风流中封闭火区，应准备隔绝式呼吸器。

如发现有爆炸危险，应暂停工作，撤出人员，并采取措施消除危险。

封闭具有爆炸危险的火区时，应遵守下列规定：
——应先采取注入惰性气体等抑爆措施，然后在安全位置构筑进、回风密闭设施；
——封闭具有多条进、回风通道的火区，应同时封闭各条通道；不能实现同时封闭的，应先封闭次要进回风通道，后封闭主要进回风通道；
——加强火区封闭的施工组织管理；封闭过程中密闭墙预留通风孔，封孔时进、回风巷同时封闭；封闭完成后所有人员立即撤出；
——检查或加固密闭墙等工作应在火区封闭完成24 h后实施；发现已封闭火区发生爆炸造成密闭墙破坏时，严禁调派救护队侦察或恢复密闭墙；应采取安全措施，实施远距离封闭。

6.9.3.5 防火墙应符合下列规定：

——严密坚实；

——在墙的上、中、下部，各安装一根直径35 mm～100 mm的铁管，以便取样、测温、放水和充填，铁管露头要用带螺纹的塞子封闭；

——设人行孔；封闭工作结束应立即封闭人行孔。

6.9.4 火区管理

6.9.4.1 对已封闭的火区，应建立火区检查记录档案，绘制火区位置关系图，并归档永久保存。

6.9.4.2 永久性防火墙应有编号，并在火区位置关系图和通风系统图上标出。发现火区封闭不严或有其他缺陷以及火区内有异常变化时，应及时处理和报告。

6.9.4.3 封闭的火区启封和恢复开采：应根据监测结果确认封闭火区内的火已熄灭，制定安全措施，并报矿山企业主要负责人批准后，方可进行；应先打开回风侧，无异常现象再打开进风侧；火区面积较大时，应设多道调节门，分段启封，逐步推进。

6.9.4.4 启封火区的风流应直接引入回风流，回风流经过的巷道中的人员应事先撤出。恢复火区通风时，应监测回风流中有害气体的浓度，发现有复燃征兆，应立即停止通风，重新封闭。

6.9.4.5 火区启封后3 d内，应由矿山救护队每班进行气体成分、温度、湿度和水的pH值的检测。确认一切情况良好，方可转入生产。

6.9.4.6 在活动性火区下部和同一中段进行回采时，应留防火矿柱；其设计和安全措施，应经矿山企业主要负责人批准。

7 特殊开采

7.1 水力开采

7.1.1 水枪喷嘴至工作台阶坡底线的距离应符合下列规定：

——逆向冲采松散的砂质黏土岩，不小于台阶高度的0.8倍；

——冲采黏土质的致密岩土，不小于台阶高度的1.2倍。

7.1.2 冲采致密岩土并进行底部掏槽时，台阶高度应不超过10 m；分段逆向冲采除外。采用水力掘沟、明槽运矿时，掘沟或者明槽的宽度应不小于台阶高度的1.5倍。

7.1.3 开采倾角30°以上、底板平滑的山坡砂矿，不应逆向冲采。冲采溶洞中的沉积砂矿时,应及时处理溶洞边缘上的浮石。台阶坡面上有大块浮石时,不应正面冲采。

7.1.4 冲采溶洞中的沉积砂矿前,应查明周边溶洞分布状况,分析溶洞的稳定性,对不稳固的溶洞采取处理措施。

7.1.5 水枪正在作业的冲采工作面,人员不应靠近边坡。水枪停止作业时,应经过检查确认安全,方可进入冲采工作面,但不应进入坡底线附近。水枪开动时,任何人员均不应在冲采范围内进行其他工作。水枪突然停水,在关闭水源开关以前,任何人员均不应进入冲采工作面。

7.1.6 一个台阶同时有两台水枪作业时,对向冲采时相互距离应不小于水枪有效射程的2.5倍;平行冲采时相互距离应不小于水枪有效射程的1.5倍。上、下两个台阶同时开采时,上部台阶作业面应超前下部台阶作业面30 m以上。

7.1.7 矿浆池上部的砂泵,应设稳固的操作平台和带扶手的梯子,平台宽度应不小于0.8 m。上面有行人的运矿沟槽,沟槽上应设盖板或金属网。深度超过2 m的沟槽,应设明显标志,并禁止人员靠近。

7.1.8 敷设有管道或渡槽的栈桥,应设宽度不小于0.8 m的人行通道和梯子。

7.1.9 供配电线路,应符合下列要求:
——固定输电线路,不应设在采掘作业区内,其与作业水枪间的距离,应不小于水枪射程的2倍;
——采场内的移动电缆,不应从水枪射程范围内通过,并应保证绝缘良好;
——电气线路应有良好的防雷设施。

7.1.10 泥浆管道至裸露输电线和通信线路的距离,应不小于电杆高度的1.5倍。

7.2 挖掘船开采

7.2.1 采、选船基坑开挖的深度,应大于船的吃水深度0.8 m以上;采、选船的吃水深度超过设计规定的吃水深度时,应及时查找原因,排除安全隐患;采区实际水深低于船的吃水深度时,应停止作业;开采工作面水上边坡高度大于3 m,边坡角大于矿岩自然安息角时,应用水枪及时处理边坡。

7.2.2 采、选船上机械设备的转动部位应安装可拆卸的护栏;甲板、桥板、梯子及操作平台外侧应安装扶手;采、选船的浮箱应设平时密封紧锁的渗水观察孔。

7.2.3 采、选船的牵引绳应定期检查,达到6.4.7规定的缠绕式提升钢丝绳更换标准时，应及时更换。

7.2.4 挖掘作业期间，在挖掘船的首绳和边绳的岸上设置区内不应进行其他作业。

7.2.5 挖掘船工作时干舷高不小于0.2 m；过河时，河面标高与采池水面标高之差不大于0.5 m；过河段水位低于安全水位时应筑坝提高水位。

7.2.6 地表建（构）筑物到采池边的距离不小于30 m；设备到采池边的距离不小于5 m；人员到采池边的距离不小于2 m。

7.2.7 挖掘船作业时，人员和船只不应在其回转半径范围内停留或经过。

7.2.8 在大风、大雾及洪水期间，行船和调船应有可靠的安全措施。

7.2.9 动力电缆应保持绝缘良好；敷设在地表部分，应有警示标志；横穿道路时，应采取防护措施；水上部分应敷设在浮箱或木排上。

7.2.10 挖掘船上应设置水位警报、照明、信号、通信和救护设备。

7.2.11 采场的主要进出口，应设置醒目的警示标志。距离采场边缘30 m，应设安全防护线，其内不应堆放任何杂物。进入采场的作业人员应穿戴救生器材。

7.2.12 挖掘船船体距离采场边缘不小于20 m。船体四周应用缆绳固定，防止飘浮、摇摆、碰撞采场边坡面，产生滑坡事故。

7.2.13 采场边坡高度不大于10 m，水上部分边坡角不大于40°，水下部分不大于30°。应定期对边坡进行安全检查，发现有潜在滑坡危险地段应自上而下放缓边坡。

7.2.14 过采区应按设计要求进行回填及治理，防止滑坡、塌方和泥石流等灾害的发生。

7.3 饰面石材开采

7.3.1 石材开采禁止使用硐室爆破；矿体内应采用锯切法掘进、回采；露天剥离、开拓堑沟以及开采特殊赋存的矿体，采用炸药爆破应进行论证，并应遵守GB 6722的有关规定。

7.3.2 除遵守7.3规定外，还应该遵守露天矿山和地下矿山的相关规定。

7.3.3 最终边坡应留设安全平台、清扫平台；安全平台宽度不小于3 m，清扫平台宽度不小于6 m。最终边坡角应满足安全稳定的要求，并在设计阶段进行论证。

7.3.4 最终边坡节理裂隙较发育或有构造带时，应清理浮石、降低边坡角度并进行加固。

7.3.5 开采台阶高度不应大于10 m；最终台阶高度应根据岩体节理裂隙发育程度、岩体稳定性由设计确定，但不应大于20 m。

7.3.6 最小工作平台宽度应满足长条块石翻倒、解体、整形、装运、清渣等工序的作业要求；高台阶开采时工作平台宽度应不小于20 m；开采台阶的外沿应设置栏杆和警示标志。

7.3.7 高台阶长条块石翻倒作业前，应在预翻倒位置铺垫渣土，人员撤离至20 m以外。

7.3.8 荒料堆场通道宽度应满足装运设备的作业要求；荒料堆高不应超过3层。

7.3.9 金刚石串珠锯操作应遵守下列规定：
—— 操作人员应接受培训后方可操作设备；
—— 作业现场周围应设置安全警示标志；
—— 轨道铺设前应清理平台，保证轨道铺设区域的平整；锯切作业前，应检查并确认动力电缆及控制电缆均正常，保护接地良好；
—— 操作台应放置于绳锯机侧面15 m以外，并与串珠锯运动方向垂直；操作人员的站位应符合串珠锯操作的有关要求，严禁直接面对绳锯切割方向进行操作或跨越运行中的串珠绳；
—— 锯切作业前应在串珠锯外侧安置安全防护栏栅，周围人员退到安全位置后方能启动串珠锯；
—— 锯切作业时，若需要进入锯切区域，操作人员应停止串珠锯作业，待问题处理完毕确认安全后，方可启动串珠锯；
—— 串珠锯水平切割作业前，操作者应将专用的安全挡板置于外露的串珠绳外侧。安全挡板的高度应超过串珠锯运动高度0.5 m以上；
—— 串珠锯垂直切割作业前，应在串珠锯导轨尾部安放高度2 m以上的安全挡板；
—— 在进行垂直面切割时，禁止人员站在与切割线相同方向上观察切割轨迹；移动冷却水管时，应从切缝侧面操作；
—— 切割作业时操作人员不得离开串珠锯操作台；自动切割即将完成时应转到人工控制，并逐渐减低行走速度；
—— 每次停机后，都要检查串珠绳接头，及时更换截面磨损或不符合要求的接头；
—— 雨雪、雷暴、大雾、大风等不良天气应停止作业。

7.3.10 操作链臂锯应遵守下列规定：
——操作人员接受培训后方可操作设备；
——作业现场周围应设置安全警示标志；
——轨道铺设前清理平台，保证轨道铺设区域的平整；每次行走进给之前，检查轨道固定销的位置，防止固定销伸出地面过高与行走机构发生碰撞；
——倾斜锯切矿体时，锯切倾斜角度应符合链臂锯倾斜工作要求；
——设备行走时，轨道上禁止站立人员或放置物体；
——切割臂转换工位时，禁止人员靠近切割臂工作区域；
——在进行水平切割作业时，应及时在锯缝中塞入楔子支撑上部矿体；发生坍塌压住切割臂时，应用千斤顶将塌落岩石支起，加入楔子后方可再进行切割作业；
——主电机起动时应减小进给量，切割臂进给时应有人监控；
——雨雪、雷暴、大雾、大风等不良天气应停止作业。

7.3.11 操作水平取芯钻机应遵守下列规定：
——操作人员接受培训后方可操作设备；
——钻机安装前，应将安装钻机的地面处理平整；钻机应安放牢固、可靠固定；冷却水管畅通并连接可靠；
——根据待钻孔的位置调整钻机安装方向和钻杆水平度，确保钻杆轴线与孔中心重合；
——钻机工作过程中出现非正常噪音和振动时应立即停机检查；
——钻杆在孔内时，严禁启动钻杆反转。

7.3.12 操作圆盘锯应遵守下列规定：
——操作人员接受培训考核合格后方可操作设备；
——轨道铺设前清理平台，保证轨道铺设区域的平整；各段轨道的连接应牢固、可靠；轨道高出平台较多时，应采取加固支撑措施；
——开机前检查：锯片应锁紧，锯片防护罩应牢固并盖住金刚石锯片表面积一半以上，运行机构的限位开关和机械止挡应可靠，冷却水管应畅通并连接可靠；
——锯片的偏摆应符合要求；
——应观察圆盘锯工作时锯片是否平行运行；电流、电压是否在允许值范围；发生异常应及时停机；

——圆盘锯在行走、作业、停机时，机体应保持稳定；
——停机后应检查电源是否完全断开，检查是否有漏油、漏水情况；
——应采取措施保证锯机安装就位、锯片装拆过程中的安全；
——雨雪、台风、雷暴、大雾、大风等不良天气应停止作业；
——更换锯片时应有2人或2人以上协同操作，禁止独自1人更换锯片。

7.3.13 操作荒料叉装车应遵守下列规定：
——叉装车不得超载作业；
——工作前检查：轮胎不应有割伤及裂痕，气压、轮胎压圈及压圈锁应正常，轮胎固定螺丝及端盖螺丝不应松动；转向和制动器液压油、制动冷却油油面应正常，应按照叉装车保养要求加注润滑脂；
——作业前应对作业区域的环境进行仔细观察，了解电缆、设备等障碍物情况；应对工作面进行清理，使其满足叉装车和荒料运输车作业要求；重载运行应控制速度，待设备停稳后方可换向；重载下坡时，应低速慢行、防止翻车；
——荒料装车时，货叉应尽可能放低、缓慢卸载；铲装荒料时应垂直荒料长度方向叉进，不得斜叉；
——叉装车应配备灭火器，司机应熟悉灭火器的使用方法；
——停车时应将货叉平稳地放在地上，发动机怠速运转5 min后方可熄火；不得在发动机高速运转时熄火。

7.3.14 操作桅杆起重机应遵守下列规定：
——桅杆起重机基础应设在岩体稳固的地段，应安装可靠的防雷和接地保护装置；
——桅杆起重机不得超载吊装，起吊时不应斜拉、拖拽；
——提升、变幅、回转机构的限位开关中的接触开关，使用时应定期检查，超过使用寿命应及时更换；
——吊起的荒料禁止从汽车驾驶室或人员上方越过；荒料离开作业面之前不应回转；起吊荒料回转时，不应改变动臂倾角，不应换挡；
——起吊荒料时，如发现电流表超过额定数值，应立即停止起吊，放下荒料；查明原因并排除故障后，方可重新开始作业；
——荒料吊钩与吊臂上端的滑轮组应保持2 m以上的安全距离；
——吊装荒料时，桅杆起重机作业范围内禁止人员、设备进入；
——吊钩的最低极限位置，应保证提升滚筒上最少有6圈钢丝绳。

7.3.15 地下开采应遵守下列规定：
——平硐口应修建安全顶棚，硐口支护长度不小于10 m；
——开拓巷道应布置在稳定的岩体中；设备距巷道壁、顶均不小于0.6 m，巷道断面尺寸应满足采运设备通行需要；
——采用全锯切作业的巷道断面尺寸应满足设备作业要求；
——矿房、矿柱的参数应经过设计论证，矿柱的安全系数不小于2倍；
——矿房切顶后，顶板若出现节理裂隙应及时进行应力监测和稳定性分析，根据分析结果，必要时进行支护；矿房向下分层开采前根据顶板稳固情况及时采取相应的支护措施；应力、应变值超限时，应立即停止开采作业；
——矿柱出现节理裂隙时，应及时采用锚杆等进行支护，并监测地压；
——链臂锯作业前应根据矿层产状和节理裂隙分布设计锯切位置；巷道掘进锯切时，靠巷道壁、顶的锯缝应贯穿，保证背切的串珠绳穿透通畅；
——锯切作业结束后，相关设备和人员应撤离至锯切工作面10 m以外；
——矿山应建立岩体应力、位移参数的实时测量和监控系统。

7.4 盐湖开采

7.4.1 盐湖作业区应符合下列规定：
——在溶洞、气眼和淤泥较厚的地点应设立明显的警示标志；
——采坑深度超过1 m时，距采坑边缘1.5 m范围内不应站人或停放设备；
——车辆驶入盐层松软的再生盐产区前，应先查看和确认盐层的承载能力。

7.4.2 在盐湖内进行手工开采作业应遵守下列规定：
——应根据当地气候和环境特征采取防暑、防冻、防晒等措施；
——多人在同一盐槽内作业时，应保持2 m以上距离；
——作业人员应根据当地气候和环境特征佩戴劳保防护设施。

7.4.3 采盐船应符合下列规定：
——采盐船的长宽比、型宽与型深比，应符合有关船舶设计规范的规定；
——采盐船的初稳心高度，应在1.5 m～3.0 m范围内；
——采盐船的液压设备应可自动调节、超压泄荷、恒扭矩无级变速，油泵应在零流量时起动；
——采盐船的电气设备、元件，应具有防潮、耐腐蚀性能；
——采盐船甲板应有防滑措施。

7.4.4 采坑两边的缆机桩应具有足够的强度。

7.4.5 采盐船作业应遵守下列规定：
—— 采盐船动力电缆应按规范铺设，并留有较大余量，防止拉断或被船碰剐损伤；
—— 采坑的水深应不小于采盐船设计吃水深度的 1.3 倍；
—— 绞吸式采盐船的绞刀应至少没入水中 3/4；
—— 原盐层应自上而下分层采掘，防止采掘量超限引起链斗出轨、断链或绞刀卡死；
—— 横移缆绳应松紧适宜；横移绞车时应防止缆绳过紧造成断绳；
—— 链斗运转时应注意观察桥身振动等异常现象，发现问题立即停机处理；
—— 破碎机出现堵塞或破碎板松动时，应停止上料并切断链斗和破碎机电源，进行处理；
—— 每 2 h 检查 1 次台车油缸和定位桩油缸，发现台车行程与指示器不符，应立即停机调整；
—— 采盐船移位时，应停止链斗、破碎机或绞刀等设备的运转，并提起主、副桩；
—— 梭式输送机横移时，机上和机头伸出方向不应有人；输送机伸向运盐船船舱前，应发出警号；
—— 采盐船与运盐船的移动，应协调一致，并通过鸣笛等加强联系，避免撞船。

7.4.6 疏松盐层爆破应执行 GB 6722 的有关规定。

7.4.7 采用铁路和道路运输卤盐，应执行 5.4.1 和 5.4.2 的有关规定。

7.4.8 采用管道输送卤盐应遵守 7.6.1 的有关规定。

7.4.9 采用运盐船运输卤盐应遵守下列规定：
—— 航道宽度不小于运盐船宽度的 5 倍；
—— 航道水深不小于 1.5 m；
—— 航道中不应有漂浮物；
—— 码头船坞应与运盐船的卸盐方式相适应；
—— 港池应具有船舶调头、会船安全作业的最小水域；
—— 码头应具有良好的照明设施，并配备适当数量的探照灯，保证码头周围的湖面有足够的照度；
—— 运盐船应达到船舶技术状况分类的一类船标准；

——运盐船每年应按规定由有资质的检测检验机构检验1次；
——运盐船应配备足够数量的灭火器材及救生器具；
——运盐船使用的电气设备应有良好的防水、防潮、耐腐蚀和绝缘性能；
——运盐船不应超载运行；应以安全航速行驶；
——相向行驶的运盐船，会船时的最小距离应不小于5 m；
——运盐船进入采区应减速行驶；
——运盐船空载航行时应进行漏水检查，以免发生沉船事故；
——运盐船行至离港湾200 m时，应加强瞭望、减速行驶，并用声光信号与码头指挥人员取得联系；未经指挥人员同意，不应进港；
——运盐船卸盐时，绞车和卸料输送机周围1 m范围内不应有人；
——运盐船卸盐完毕，方可提起盐门或收回输送机，不应带料提起盐门或收回输送机。

7.4.10 采用带式输送机运输卤盐，应遵守5.4.3的规定。

7.4.11 推土机作业时，应选择适宜的铲、推线路。清理作业现场时，应保证车辆无下陷、倾覆等危险。

7.4.12 推土机清除高于机体并埋于地下的物体时，应有安全防护措施。

7.4.13 推土机作业时人员不应上下。夜间作业现场应有良好的照明。

7.4.14 矿堆和尾盐堆应分层堆排，分层高度不大于30 m，坡面角不超过60°，分层间应留有20 m宽的安全平台。

7.4.15 任何人均不应在矿堆和尾盐堆上长时间停留。

7.5 钻井水溶开采

7.5.1 井架及其基础应符合下列规定：
——各主要部件不应有裂纹和严重锈蚀、变形、弯曲；
——螺栓、螺帽及弹簧垫圈应齐全；
——基础应满足施工安全要求，其平面误差应不大于3 mm；
——底座四角高差应不大于3 mm；
——绷绳应与地面呈45°。

7.5.2 装、拆井架时，应有专人统一指挥。遇6级以上大风、暴雨、暴雪、大雾及夜间照明时，不应进行井架装、拆作业。

7.5.3 电气设施应符合下列规定：
——供配电设施距井口不小于30 m；

——线路不应有裸线及漏电现象；
——供电线路应合理布置，生产用电与生活用电分开；
——架空电力线与井架绷绳应至少相距3 m，并不应在绷绳上空穿过；
——架线高度应保证各种相关车辆安全通行；
——井架应采用电压不高于36 V的低压防爆灯照明。

7.5.4 指重表应符合下列规定：
——单独装在专用仪表箱中；
——不与井架接触；
——与传感器处于同一水平；
——指重表、灵敏表和自动记录仪的读数应一致，若有偏差应及时调整。

7.5.5 绞车卷筒、转盘面水平误差应小于1.5 mm；链轮中心偏差应小于2 mm；皮带轮中心偏差应小于3 mm；井口、转盘、天车的中心偏差应不超过10 mm。

7.5.6 钻机游动系统钢丝绳安装应遵守下列规定：
——安装前消除应力、防止大钩扭劲；
——直径应与钻机型号相匹配；
——任何情况下卷筒上应有2圈以上钢丝绳；
——死绳端应在死轮上缠绕2圈以上，并用专用绳卡固定，两绳卡之间距离不小于钢丝绳直径的6倍。

7.5.7 中深井每作业2井次、深井每作业1井次，应对钻机提升系统进行至少1次探伤。

7.5.8 防碰天车、水龙带保险绳、吊钳尾绳、钢绳固定绳卡等，均应按规定装设，并经检查合格。

7.5.9 采用柴油机作钻井动力时应安装消声器。

7.5.10 钻井、修井作业，应遵守下列规定：
——人员上井架作业应系安全带；
——所带工具、棍类物件应装好绑牢；
——处理卡钻时，不应使用吊钳进行倒扣；用转盘强行倒扣时，应把连接螺栓拧紧，再用绳索固定在方钻杆上；吊卡不应挂在吊环上；应绑好耳环，插好大钩锁销；
——防碰天车装置应定期检查，确保处于灵活状态；提钻时，操作人员应注意游动滑车上升情况，并与井架工保持联系；
——检查设备时应停车；

——上提钻具之前，应对井架、绷绳及提升系统进行全面检查；
——强行转动钻具时，不应超过钻杆允许扭转圈数，并控制倒转速度，防止钻具扭断或倒开；倒扣时，井口工具应绑牢，除司钻及指挥人员外，无关人员应撤离操作平台；
——有毒有害气体超标时，应配备相应的防护器具（防毒面具、排风扇等），并有专人监护；
——有易燃气体的作业场所严禁吸烟，动火作业应办理动火作业证；
——井口应安装防喷装置，并采取相应防喷措施。

7.5.11 水溶开采应遵守下列规定：
——井口装置中的管汇应采用厚壁无缝钢管，不应采用直缝管或螺旋管；
——管道阀门的耐压等级应大于设计最大工作压力；
——井口装置中的各组件安装完毕，应进行耐压试验，试验压力不低于设计最大工作压力的1.25倍，试验合格方可投入使用；
——作业场所应有排水和防止液体渗漏的设施，地面应防滑；
——在有毒有害气体聚集的井口、卤池、取样阀等地点作业时，应采取防毒措施，并有专人监护。

7.5.12 钻井水溶开采还应遵守7.6的规定。

7.6 井盐开采

7.6.1 采输卤作业应遵守下列规定：
——采卤工艺管汇、输卤管道的耐压等级，应满足使用压力要求；安装完毕应进行耐压试验，试验压力不低于设计最大工作压力的1.25倍；试验合格方可投入使用；
——输盐管路每隔100 m～200 m，应设一处理事故用的三通管；
——输卤管道应每年旋转一定角度；
——输卤管道支座基础应定期检查和维护；
——水泵加盘根或维修时，应断开电源；
——采卤工艺管汇应按输送介质的不同，涂以不同的颜色，并注明介质名称和输送方向；
——严格按工艺、设备操作规程操作；
——应定时观测记录卤井、机电设备运行的电流、电压、电机温度、水压和流量、卤水浓度和温度等参数；异常情况应及时向生产调度报告；

紧急情况应立即采取相应措施并汇报；
— 单井生产正、反循环和多井连通生产注、出水井的倒换等工艺技术的改变，应经矿山企业主要负责人批准；
— 夜间操作井口装置、检修管道和阀门时不应单人作业，作业现场应有充足的照明；
— 井口装置、泵、工艺管汇、输卤管线等采输卤设备、设施，应及时进行维护和检修。

7.6.2 生产采区应与建构筑物、交通设施、水体等保持足够的安全距离。钻井水溶开采的深度不应超过设计安全开采深度。井组之间应按设计要求预留保安矿柱。

7.6.3 井盐矿山应设立地表水和地下水水质监测系统，每半年至少对矿区范围的水质（主要是含盐量）进行1次检测。

7.6.4 对岩层破碎、采空区很高等易发生地表沉陷和位移的矿区，应进行地表沉陷和位移监测。在地表可能或已有沉降、位移的区域，应设明显的安全警示标志，并编制相应的应急预案。

7.6.5 废弃的地质勘探井和生产井，应做彻底封井处理。

7.7 地下原地浸出

7.7.1 地下原地爆破浸出采矿应遵守下列规定：
— 布液系统应防止跑、冒、滴、漏，避免浸出液伤人；
— 采场拉底空间形成后，应在底部铺设不小于0.5 m厚的混凝土隔层，并向集液巷形成一定的坡度，混凝土隔层上应铺一层防水防酸隔离层；
— 井下浸出液收集后，应采用管道密闭输送；
— 采场矿堆溶浸结束并滤干后，应及时进行清水洗堆和中和处理，直至流出液pH值达到7~8；
— 浸出结束后应严密封堵通往采场的通道。

7.7.2 地下原地浸出采矿作业应保持抽液量与注液量基本平衡。加强对监测井的观测，防止酸性溶液渗到溶浸区以外，污染地下水。出现污染时应停止溶浸作业，并做好后续的处理工作。

8 应急救援

8.1 矿山企业应建立健全应急管理、应急演练、应急撤离、信息报告、应急救援等规章制度，落实应急救援装备和物资储备，按照相关规定设立矿山救护队，或设立兼职矿山救护队并与就近的专业矿山救护队签订救护协议。

8.2 矿山企业应根据矿山实际编制应急救援预案，由矿山企业主要负责人批准实施，并定期进行应急救援演练，当矿山实际情况发生较大变化或在应急演练中发现有重大问题，应及时修订应急救援预案。

8.3 矿山应为入井人员配备额定防护时间不少于 30 min 的隔绝式自救器，入井人员应随身携带。自救器的数量不少于矿山全天入井总人数的1.1倍。

8.4 矿山企业应建立和完善井下安全撤离通道，并随井下生产系统的变化及时调整；井下应设置声光报警系统。

8.5 井下所有工作地点 100 m 范围内、巷道分岔口应设置避灾路线指示牌，巷道内每 200 m 至少设置一个。避灾路线指示牌应标明避灾路线和方向、人员所在位置等信息，避灾路线指示牌应设在受到保护的显著位置，避灾信息在矿灯照明下应清晰。

8.6 矿山应对所有入井人员进行安全培训，告知井下安全须知、紧急情况下的撤离路线和自救器的使用方法。井下作业人员应熟悉应急救援预案和避灾路线，具有自救、互救和安全避灾知识，熟练掌握自救器和紧急避灾系统的使用方法。班组长应具备兼职救护队员的知识和能力，能够在发生险情后第一时间组织作业人员自救互救和安全避灾。

8.7 矿山企业应及时向矿山救护队提供 4.1.9、4.1.10 规定的图纸和应急救援预案。

8.8 矿井发生事故时，井下人员应在保证安全前提下组织抢救，否则应立即撤离并报告矿山企业主要负责人。矿山企业主要负责人接到报告后应立即启动应急预案，组织抢救并上报事故信息。

8.9 发生事故的矿山在进行事故应急救援工作的同时，应报请当地政府和主管部门在通信、交通运输、医疗、电力、现场秩序维护等方面提供保障。

附录四

ICS 73
Z 61

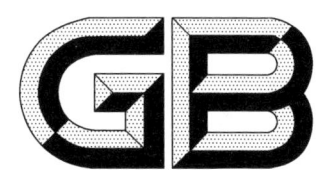

中华人民共和国国家标准

GB 39496—2020
代替 AQ 2006—2005

尾矿库安全规程

Safety regulation for tailings pond

2020-10-11 发布　　　　　　　　2021-09-01 实施

国家市场监督管理总局
国家标准化管理委员会　发布

前　　言

本标准按照 GB/T 1.1—2009 给出的规则起草。

本标准代替 AQ 2006—2005《尾矿库安全技术规程》。

本标准与 AQ 2006—2005 相比，除结构调整和编辑性改动外，主要技术变化如下：

——删除了部分规范性引用文件，只引用 GB 16423、GB 50135 和 GB 50191（见第 2 章，AQ 2006—2005 的第 2 章）；

——修改了尾矿库等术语和定义（见第 3 章，AQ 2006—2005 的第 3 章），增加了湿式尾矿库、干式尾矿库等术语和定义（见第 3 章）；

——修改了一等尾矿库、二等尾矿库的分等标准（见 4.5，AQ 2006—2005 的 4.1）；

——在尾矿坝坝坡抗滑稳定分析方法中，增加了简化毕肖普法及相应的最小安全系数（见 5.3.16）；

——增加了尾矿坝动力抗震计算的相关要求（见 5.3.17）；

——修改了尾矿库的防洪标准（见 5.4.1，AQ 2006—2005 的 5.4.2）；

——删除了"尾矿库安全度"和"尾矿库利用及尾矿库闭库后再利用"内容（见 AQ 2006—2005 的第 8 章和第 10 章）：

——增加了"尾矿库回采"和"生产经营单位应急管理"内容（见第 7 章和第 10 章）。

本标准由中华人民共和国应急管理部提出并归口。

本标准为首次发布。

尾矿库安全规程

1 范围

本标准规定了尾矿库在建设、生产运行、回采、闭库、安全检查、生产经营单位应急管理、安全评价等方面的安全要求。

本标准适用于中华人民共和国境内尾矿库。

2 规范性引用文件

下列文件对于本文件的应用是必不可少的。凡是注日期的引用文件，仅注日期的版本适用于本文件。凡是不注日期的引用文件，其最新版本（包括所有的修改单）适用于本文件。

GB 16423　金属非金属矿山安全规程
GB 50135　高耸结构设计标准
GB 50191　构筑物抗震设计规范

3 术语和定义

下列术语和定义适用于本文件。

3.1
尾矿库　tailings pond
用以贮存金属、非金属矿山进行矿石选别后排出尾矿的场所。

3.2
湿式尾矿库　wet tailings pond
入库尾矿具有自然流动性，采用水力输送排放尾矿的尾矿库。

3.3
干式尾矿库　dry tailings pond
入库尾矿不具自然流动性，采用机械排放尾矿且非洪水运行条件下库内不存水的尾矿库。

3.4

全库容 whole storage capacity

坝顶标高水平面与尾矿坝体外坡面以下、库底面以上所围成的空间容积（不含非尾矿构筑的坝体体积）。

3.5

有效库容 effective storage capacity

尾矿坝体外表面以下、库底面以上用于贮存尾矿（含悬浮状尾矿浆体）的空间容积。

3.6

调洪库容 flood regulation storage capacity

调洪起始水位以上、设计洪水位以下可蓄积洪水的空间容积。

3.7

总库容 total storage capacity

设计最终状态时的全库容。

3.8

尾矿坝 tailings dam

拦挡尾矿和水的尾矿库外围构筑物。

3.9

初期坝 starter dam

用土、石材料等筑成的，作为尾矿堆积坝的排渗或支撑体的坝。

3.10

尾矿堆积坝 tailings embankment

生产过程中用尾矿堆积而成的坝。

3.11

尾矿库挡水坝 water dam of tailings pond

在坝前不形成有效干滩直接挡水的坝。

3.12

拦砂坝 tailings collection dam

建在尾矿排放的下游向，用于拦挡由雨水冲刷所挟带尾矿的坝。

3.13

上游式尾矿筑坝法 upstream embankment method

湿式尾矿库在初期坝上游方向堆积尾矿的筑坝方式。其特点是堆积坝坝顶轴线逐级向初期坝上游方向推移。

3.14

中线式尾矿筑坝法 centerline embankment method

湿式尾矿库在初期坝轴线处用旋流器等分离设备所分离出的粗尾砂堆坝的筑坝方式。其特点是堆积坝坝顶轴线始终不变。

3.15

下游式尾矿筑坝法 downstream embankment method

湿式尾矿库在初期坝下游方向用旋流器等分离设备所分离出的粗尾砂堆坝的筑坝方式。其特点是堆积坝坝顶轴线逐级向初期坝下游方向推移。

3.16

一次建坝 one-step constructed dam

全部用除尾矿以外的筑坝材料一次或分期建造的尾矿坝。

3.17

库前式尾矿排矿筑坝法 upstream discharge tailings stack method

干式尾矿库入库尾矿自初期坝前向库尾推进排放碾压，并在影响坝体外坡稳定区域内采用分层碾压堆存的筑坝方式。

3.18

库周式尾矿排矿筑坝法 surrounding discharge tailings stack method

干式尾矿库入库尾矿自库周边向库中间推进排放碾压，并在影响坝体外坡稳定区域内采用分层碾压堆存的筑坝方式。

3.19

库中式尾矿排矿筑坝法 center discharge tailings stack method

干式尾矿库入库尾矿自库区中部向库周边推进排放碾压，并在影响坝体外坡稳定区域内采用分层碾压堆存的筑坝方式。

3.20

库尾式尾矿排矿筑坝法 downstream discharge tailings stack method

干式尾矿库入库尾矿自库区尾部向库区前部推进排放碾压，并在影响坝体外坡稳定区域采用分层碾压堆存的筑坝方式。

3.21

尾矿坝高 tailings dam height

干式尾矿库为尾矿坝顶面最高点与坝脚最低点的高差，当尾矿坝坝脚有初期坝或拦砂坝作为支撑体时，为尾矿坝顶面最高点至初期坝或拦砂坝坝轴线处原地面的高差；湿式尾矿库采用上游式筑坝为堆积坝坝顶与初期坝坝轴线处原地面的高差，其他坝型为坝顶与坝轴线处原地面的高差。

3.22

　　总坝高　total dam height

　　设计最终状态时的坝高。

3.23

　　堆坝高度或堆积高度　embankment height or accumulation height

　　干式尾矿库为尾矿坝顶面最高点与坝脚最低点的高差，当尾矿坝坝脚有初期坝或拦砂坝作为支撑体时，为尾矿坝顶面最高点与初期坝或拦砂坝坝顶的高差；上游式尾矿坝为尾矿堆积坝坝顶与初期坝坝顶的高差；中线式和下游式尾矿坝为尾矿堆积坝坝顶与坝顶轴线处的原地面标高的高差。

3.24

　　临界浸润线　criticaled position of the phreatic line

　　坝体抗滑稳定安全系数能满足本规程最低要求时的坝体浸润线。

3.25

　　控制浸润线　controled position of the phreatic line

　　既满足临界浸润线要求、又满足尾矿堆积坝下游坡最小埋深浸润线要求的坝体最高浸润线。

3.26

　　正常生产水位　normal production water level

　　在用尾矿库内能满足生产回水、尾矿排放和防排洪要求的水位。

3.27

　　沉积滩　deposited beach

　　水力冲积尾矿形成的沉积体表层，按库内集水区水面划分为水上和水下两部分。

3.28

　　滩顶　beach crest

　　沉积滩面与坝体外坡面的交线。

3.29

　　干滩长度　beach width

　　库内水边线至滩顶的水平距离。

3.30

　　防洪宽度　flood control dam width

　　干式尾矿库洪水运行条件下库内水边线至库内水面与坝体外坡面交线的水

平距离。

3.31

调洪高度 flood regulation height

调洪起始水位与设计洪水位的高差。

3.32

防洪高度 flood control height

湿式尾矿库的非挡水坝为调洪起始水位与滩顶之间的高差；湿式尾矿库的挡水坝及干式尾矿库尾矿坝为调洪起始水位与坝顶之间的高差。

3.33

安全超高 free height

在非地震运行条件下，尾矿堆积坝为滩顶标高与设计洪水位的高差；挡水坝和一次建尾矿坝为设计洪水位加最大波浪爬高和最大风壅水面高度之和与坝顶标高的高差。

在地震运行条件下，尾矿堆积坝为滩顶标高与正常生产水位加地震沉降和地震壅浪高度之和的高差；挡水坝和一次建坝尾矿坝为正常生产水位加最大波浪爬高、最大风壅水面高度、地震沉降和地震壅浪高度之和与坝顶标高的高差。

4 基本规定

4.1 尾矿库建设、回采及闭库项目应进行勘察、安全评价、设计、施工和竣工验收。

4.2 尾矿库根据入库尾矿的自然流动性及库内存水情况分为湿式尾矿库和干式尾矿库，尾矿库典型参数示意图参见附录 A；干、湿尾矿不应混排。

4.3 尾矿坝筑坝根据筑坝材料分为一次建坝和尾矿筑坝。湿式尾矿库的尾矿筑坝法，根据筑坝过程中坝轴线的变化分为上游式尾矿筑坝法、中线式尾矿筑坝法、下游式尾矿筑坝法；干式尾矿库的尾矿排矿筑坝法，根据尾矿排放推进方向和筑坝方式分为库前式尾矿排矿筑坝法、库周式尾矿排矿筑坝法、库中式尾矿排矿筑坝法、库尾式尾矿排矿筑坝法。

4.4 尾矿库建设和生产运行过程中，鼓励安全生产科学技术研究和安全生产先进技术的应用，提高尾矿库安全生产水平。采用新工艺、新技术、新材料或者使用新设备，应了解、掌握其安全技术特性，采取有效的安全防护措施，并对从业人员进行专门的安全生产教育和培训。

4.5 尾矿库的等别应按下列原则确定：
——尾矿库等别应根据尾矿库的总库容及总坝高按表1确定。尾矿库各使用期的设计等别应根据该期的全库容和尾矿坝高分别按表1确定。当按尾矿库的全库容和尾矿坝高分别确定的尾矿库等别的等差为一等时，应以高者为准；当等差大于一等时，应按高者降一等确定。
——露天废弃采坑及凹地贮存尾矿，且周边未建尾矿坝时，应不定等别；周边建尾矿坝时，应根据坝高及其形成的库容确定尾矿库的等别。

表1 尾矿库各使用期的设计等别

等别	全库容 V 10^4 m^3	坝高 H m
一	$V \geq 50000$	$H \geq 200$
二	$10000 \leq V < 50000$	$100 \leq H < 200$
三	$1000 \leq V < 10000$	$60 \leq H < 100$
四	$100 \leq V < 1000$	$30 \leq H < 60$
五	$V < 100$	$H < 30$

4.6 除尾矿库副坝外的尾矿库构筑物的级别应根据尾矿库各使用期的设计等别及其重要性按表2确定，尾矿库副坝应根据坝高及其对应的库容按照表1确定的尾矿库各使用期的设计等别确定其构筑物级别。

表2 尾矿库构筑物的级别

尾矿库等别	构筑物的级别		
	主要构筑物	次要构筑物	临时构筑物
一	1	3	4
二	2	3	4
三	3	5	5
四	4	5	5
五	5	5	5

注1：主要构筑物系指尾矿坝、排水构筑物等失事后将造成下游灾害的构筑物。
注2：次要构筑物系指除主要构筑物外的永久性构筑物。
注3：临时构筑物系指施工期临时使用的构筑物。

5 尾矿库建设

5.1 尾矿库勘察

5.1.1 尾矿库新建、改建和扩建工程应按基本建设程序进行岩土工程勘察。

5.1.2 尾矿库岩土工程勘察应符合有关国家标准要求，按工程建设各勘察阶段的要求，正确反映工程地质和水文地质条件，查明不良地质作用、地质灾害及影响尾矿库和各构筑物安全的不利因素，提出工程措施建议，形成资料完整、评价正确、建议合理的勘察报告。

5.1.3 新建、改建和扩建尾矿库工程详细勘察应符合下列要求：
——查明坝址、坝肩、库区、库岸的工程地质和水文地质条件；
——提供区域地质构造、地震地质资料，分析场地地震效应，并提供抗震设计有关参数；
——查明可能威胁尾矿库、尾矿坝及排洪设施安全的滑坡、潜在不稳定岸坡、泥石流等不良地质作用的分布范围并提出治理措施建议；
——查明坝基、坝肩以及各拟建构筑物地段的岩土组成、分布特征、工程特性，并提供岩土的强度和变形参数；
——分析和评价坝基、坝肩、库岸、排洪设施场地等的稳定性，并对潜在不稳定因素提出治理措施建议；
——分析和评价坝基、坝肩、库区的渗漏及其对安全的影响，并提出防治渗漏的措施建议；
——分析和评价排洪隧洞、排水井、排水斜槽、排水管和截洪沟等排洪构筑物地基（围岩）的强度、变形特征，当围岩强度不足、地基不均匀或存在软弱地基时，应提出地基处理措施建议；
——判定水和土对建筑材料的腐蚀性；
——确定筑坝材料的产地，并查明筑坝材料的性质和储量。

5.1.4 改建和扩建尾矿库工程还应对尾矿堆积坝进行岩土工程勘察，勘察应符合下列要求：
——查明尾矿堆积坝的成分、颗粒组成、密实程度、沉（堆）积规律、渗透特性；
——查明堆积尾矿的工程特性；
——查明尾矿坝坝体内的浸润线位置及变化规律；

——分析已运行尾矿坝坝体的稳定性；
——分析尾矿坝在地震作用下的稳定性和尾矿的地震液化可能性。

5.2 尾矿库设计一般规定

5.2.1 尾矿库不应设在下列地区：
——国家法律、法规规定禁止建设尾矿库的区域；
——尾矿库失事将使下游重要城镇、工矿企业、铁路干线或高速公路等遭受严重威胁区域。

5.2.2 尾矿库库址选择应根据汇水面积、工程地质及水文地质、库长、库区周边环境等因素经多方案技术经济比较综合确定，并应符合下列要求：
——汇水面积小，并有足够的库容；
——避开不良地质现象严重区域；
——上游式尾矿库有足够的初、终期库长；
——上游式尾矿库库底平均纵坡不得陡于20%。

5.2.3 尾矿库设计应对不良工程地质条件采取可靠的治理措施。

5.2.4 在同一沟谷内建设两座或两座以上尾矿库时，后建库设计时应根据各尾矿库之间的相互关系与影响采取相应安全防范对策措施，确保各尾矿库安全。

5.2.5 废弃的露天采坑及凹地贮存尾矿时，应对边坡、库内设施及影响尾矿库安全的周边环境采取可靠的技术和工程措施。

5.2.6 干式尾矿库的设计应符合下列要求：
——年降雨量均值超过800 mm或年最大24 h雨量均值超过65 mm的地区，不应采用库尾式、库中式尾矿排矿筑坝法；
——堆存尾矿含水率应满足尾矿排矿和筑坝要求；无黏性、少黏性尾矿含水率不应大于22%，黏性尾矿含水率不应大于塑限；
——应针对不良气候条件对作业过程的安全影响采取可靠防范措施；
——正常运行条件下，库内不应存水。

5.2.7 尾矿库应根据生产过程中的筑坝工程量、排水构筑物型式和操作要求，以及库区与厂区的距离等因素配备筑坝机械、工作船、工程车，并设置交通道路、值班室、应急器材库、通信和照明等设施。

5.2.8 加高扩容的尾矿库改建、扩建项目应满足下列要求：
——除一等库外，防洪标准应在按5.4.1确定的防洪标准基础上提高一个等别；

——设置可靠的排渗设施，尾矿堆积坝的控制浸润线埋深应不小于通过计算确定的控制浸润线的1.2倍；
——利旧的排洪构筑物应根据加高扩容要求核算其可靠性，终止使用的排洪构筑物应进行可靠封堵；
——尾矿库一次加高高度不得超过50 m。

5.2.9 尾矿库设计文件除应明确堆存工艺、筑坝方法外，还应明确下列安全运行控制参数：

——尾矿库等别，设计最终堆积高程、总坝高、总库容、有效库容；
——入库尾矿量、尾矿比重、粒度及排放方式；
——初期坝、副坝、拦砂坝、一次建坝尾矿坝的坝型、坝高、坝顶宽度、上下游坡比、筑坝材料及其控制参数、地基处理；
——子坝坝高、坡比，尾矿堆积坝平均堆积外坡比；
——排洪系统型式、排洪构筑物的主要参数；
——尾矿坝排渗型式；
——尾矿坝各运行期、各剖面的控制浸润线埋深。

5.2.10 湿式尾矿库设计文件除应提供5.2.9中的安全运行控制参数外，还应提供下列安全运行控制参数：

——入库尾矿浓度；
——中线式和下游式尾矿筑坝的临时边坡的堆积坡比、堆坝尾砂的控制粒径、产率和浓度；
——库内控制的正常生产水位、调洪高度、安全超高、防洪高度、沉积滩坡度、正常生产水位时的干滩长度、最小干滩长度等。

5.2.11 干式尾矿库设计文件除应提供5.2.9中的安全运行控制参数外，还应提供下列安全运行控制参数：

——入库尾矿的含水率、分层厚度、影响坝体稳定区域、压实指标；
——尾矿堆积坝临时边坡的堆积坡比、台阶高度、台阶宽度；
——坝体顶面坡向及坡度；
——库内调洪起始水位、调洪高度、防洪高度、安全超高、最小防洪宽度。

5.3 尾矿坝设计

5.3.1 尾矿坝坝址选择应以避免不良工程地质和水文地质条件为原则，结合尾矿库回水、防洪及堆积坝填筑等因素综合确定。

5.3.2 初期坝坝型应根据尾矿堆存方式、尾矿坝筑坝方式、地震设计烈度等因素综合确定。地震设计烈度为Ⅷ、Ⅸ度时，初期坝应选用抗震性能和渗透稳定性较好且级配良好的土石料筑坝，上游式尾矿筑坝法的初期坝采用不透水坝型时，应采取可靠的坝体排渗方式。

5.3.3 初期坝坝高的确定应符合下列要求：
——能贮存选矿厂投产后6个月以上的尾矿量；
——使尾矿水得以澄清；
——当初期放矿沉积滩顶与初期坝顶齐平时，应满足相应等别尾矿库防洪要求；
——在冰冻地区应满足冬季放矿的要求；
——满足后期堆积坝上升速度的要求；
——上游式尾矿坝的初期坝坝高与总坝高的比值应不小于1/8。

5.3.4 遇有下列情况时，尾矿坝坝基应进行专门研究处理：
——易产生渗漏破坏的砂砾石地基；
——易液化土、软黏土、冰渍层、永冻层和湿陷性黄土地基；
——岩溶发育地基；
——涌泉及矿山井巷、采空区等。

5.3.5 湿式尾矿库尾矿堆积坝筑坝应满足下列要求：
——地震设计烈度为Ⅸ度时，上游式尾矿筑坝尾矿堆积高度不得高于30 m；
——上游式尾矿筑坝的尾矿浆重量浓度超过35%时，应进行尾矿堆坝试验研究；
——上游式尾矿筑坝的全尾矿 $d<0.074$ mm 颗粒含量大于85%或 $d<0.005$ mm 颗粒含量大于15%时，应进行尾矿堆坝试验研究；
——中线式或下游式尾矿筑坝，分级后用于筑坝尾砂的 $d\geqslant 0.074$ mm 颗粒含量少于75%，$d\leqslant 0.02$ mm 颗粒含量大于10%时，应进行尾矿堆坝试验研究；筑坝上升速度应满足沉积滩面上升速度的要求。

5.3.6 干式尾矿库的尾矿排矿筑坝应符合下列要求：
——尾矿排矿筑坝应边堆放边碾压，堆积坝顶面坡度应满足排水的要求，并不得出现反坡；当堆积坝顶面倾向堆积坝外边坡或库周截洪沟时，堆积坝顶面坡度不应大于2%；
——尾矿排矿筑坝期间应设置台阶，分层碾压排放作业的台阶高度不应超过10 m，台阶宽度不应小于1.5 m，有行车要求时不应小于5 m；推进碾压排放作业的台阶高度不应超过 5 m，台阶宽度不应小于 5 m；运行期间台阶的坡比应满足稳定要求；

——无黏性、少黏性尾矿分层厚度不得超过 0.8 m，黏性尾矿分层厚度不得超过 0.5 m；

——尾矿排矿筑坝过程中，应分阶段尽早形成永久边坡，影响堆积坝最终外边坡稳定的区域应采用分层碾压排放作业，压实度不应小于 0.92。

5.3.7 尾矿库挡水坝应按坝型满足相应的水库坝设计规范要求，防洪标准不应低于本标准的规定。

5.3.8 上游式尾矿堆积坝沉积滩顶与设计洪水位的高差应符合表 3 的最小安全超高值的规定。滩顶至设计洪水位水边线的距离应符合表 3 的最小干滩长度值的规定。

表 3　上游式尾矿堆积坝的最小安全超高与最小干滩长度

单位为米

坝的级别	1	2	3	4	5
最小安全超高	1.5	1.0	0.7	0.5	0.4
最小干滩长度	150	100	70	50	40
3 级及 3 级以下的尾矿坝经渗流稳定分析安全时，表内最小干滩长度最多可减少 30%。地震区的最小干滩长度尚应符合 GB 50191 的有关规定。					

5.3.9 下游式和中线式尾矿坝坝顶外缘至设计洪水位时水边线的距离应符合表 4 的规定；坝顶与设计洪水位的高差应符合表 3 的最小安全超高值的规定。

表 4　下游式和中线式尾矿坝的最小干滩长度

单位为米

坝的级别	1	2	3	4	5
最小干滩长度	100	70	50	35	25
地震区的最小干滩长度尚应符合 GB 50191 的有关规定。					

5.3.10 洪水运行条件下坝前存水的干式尾矿库尾矿堆积坝防洪宽度应符合表 5 的规定；坝外坡面顶标高与设计洪水位的高差应符合表 3 的最小安全超高值的规定。

表5 干式尾矿库尾矿坝的最小防洪宽度

单位为米

坝的级别	1	2	3	4	5
最小防洪宽度	100	70	50	35	25

5.3.11 尾矿库挡水坝坝顶与设计洪水位的高差不应小于表3的最小安全超高值、最大风壅水面高度和最大波浪爬高三者之和。

5.3.12 设计地震水平加速度不小于0.05 g地震区的尾矿库，湿式尾矿库尾矿堆积坝滩顶与正常生产水位的高差不应小于表3的最小安全超高值与地震沉降值、地震壅浪高度之和。挡水坝和一次建坝尾矿坝顶与正常生产水位的高差不应小于表3的最小安全超高值与地震沉降值、地震壅浪高度、最大风壅水面高度及最大波浪爬高之和。

5.3.13 尾矿坝应进行渗流计算，渗流计算应分析放矿、雨水等因素对尾矿坝浸润线的影响；湿式尾矿库1、2级尾矿坝的渗流应按三维数值模拟计算或物理模型试验确定。

5.3.14 尾矿堆积坝下游坡浸润线的最小埋深除满足坝坡抗滑稳定的条件外，尚应满足表6的要求。

表6 尾矿堆积坝下游坡浸润线的最小埋深

单位为米

堆积坝高度 H	$H \geqslant 150$	$150 > H \geqslant 100$	$100 > H \geqslant 60$	$60 > H \geqslant 30$	$H < 30$
浸润线最小埋深	10～8	8～6	6～4	4～2	2
堆积坝高度应按各垂直坝轴线剖面所在位置分别取值。 位于初期坝坝段的堆积坝高度按堆积高度取值，位于其余坝段的堆积坝高度按尾矿堆积坝顶与坡脚的高差取值。 任意高度堆积坝的浸润线最小埋深可用线性插值法确定。					

5.3.15 尾矿坝应满足渗流控制的要求，尾矿坝的渗流控制措施应确保浸润线低于控制浸润线。

5.3.16 尾矿坝应满足静力、动力稳定要求，尾矿坝应进行稳定性计算，坝坡抗滑稳定的安全系数不应小于表7规定的数值，位于地震区的尾矿库，尾矿坝应采取可靠的抗震措施。

表 7 坝坡抗滑稳定的最小安全系数

计算方法	运行条件	坝的级别			
		1	2	3	4、5
简化毕肖普法	正常运行	1.50	1.35	1.30	1.25
	洪水运行	1.30	1.25	1.20	1.15
	特殊运行	1.20	1.15	1.15	1.10
瑞典圆弧法	正常运行	1.30	1.25	1.20	1.15
	洪水运行	1.20	1.15	1.10	1.05
	特殊运行	1.10	1.05	1.05	1.05

5.3.17 尾矿库初期坝与堆积坝的抗滑稳定性应根据坝体材料及坝基的物理力学性质经计算确定，计算方法应采用简化毕肖普法或瑞典圆弧法，地震荷载应按拟静力法计算。尾矿库挡水坝应根据相关规范进行稳定计算。尾矿坝动力抗震计算应按下列要求进行：

——对于 1 级及 2 级尾矿坝的抗震稳定分析，除应按拟静力法计算外，还应进行专门的动力抗震计算，动力抗震计算应包括地震液化分析、地震稳定性分析和地震永久变形分析；

——位于地震设计烈度为Ⅷ度地区的 3 级尾矿坝和设计烈度为Ⅶ度及Ⅶ度以上地区的 4 级和 5 级尾矿坝，地震液化可采用简化计算分析法；3 级尾矿坝地震液化分析结果不利时，还应进行动力抗震计算；

——位于地震设计烈度为Ⅸ度地区的各级尾矿坝或位于Ⅷ度地区的 3 级及 3 级以上的尾矿坝，抗震稳定分析除应采用拟静力法外，还应采用时程法进行分析。

5.3.18 尾矿坝稳定计算的荷载应根据不同运行条件按表 8 进行组合。

表 8 尾矿坝稳定计算的荷载组合

运行条件	计算方法	荷载类别				
		1	2	3	4	5
正常运行	总应力法	有	有	—	—	—
	有效应力法	有	有	有	—	—

表 8（续）

运行条件	计算方法	荷载类别				
		1	2	3	4	5
洪水运行	总应力法	—	有	—	有	—
	有效应力法	—	有	有	有	—
特殊运行	总应力法	有	有	—	—	有
	有效应力法	有	有	有	—	有

注1：荷载类别1系指运行期正常库水位时的稳定渗透压力。
注2：荷载类别2系坝体自重。
注3：荷载类别3系指坝体及坝基中的孔隙水压力。
注4：荷载类别4系指设计洪水位时有可能形成的稳定渗透压力。
注5：荷载类别5系指地震荷载。

5.3.19 尾矿坝稳定计算断面应根据尾矿的颗粒粗细程度和固结度进行概化分区，概化分区的尾矿定名应按附录B确定。新建尾矿库的尾矿坝计算断面概化分区及各区尾矿的物理力学性质指标应参考类似尾矿坝的勘察资料综合确定；扩建、改建尾矿库的尾矿坝计算断面概化分区及各区尾矿的物理力学性质指标应根据勘察资料确定。

5.3.20 尾矿堆积坝平均堆积外坡比不得陡于1∶3。尾矿坝最终下游坡面应设置维护设施，维护设施应满足下列要求：
——设置马道，相邻两级马道的高差不得大于15 m，马道宽度不应小于1.5 m，有行车要求时，宽度不应小于5 m；
——采用石料、土石料或土料等进行护坡，采用土石料或土料护坡的应在坡面植草或灌木类植物；
——设置排水系统，下游坡与两岸山坡结合处应设置坝肩截水沟；尾矿堆积坝的每级马道内侧或上游式尾矿筑坝的每级子坝下游坡脚处均应设置纵向排水沟，并应在坡面上设置人字沟或竖向排水沟；
——设置踏步，沿坝轴线方向踏步间距应不大于500 m。

5.3.21 中线式或下游式尾矿筑坝的坝体结构应符合下列规定：
——应设置初期坝和滤水拦砂坝，在初期坝与拦砂坝之间的坝基范围内应设排渗设施；

——尾矿坝坝顶宽度应满足分级设备和管道安装及交通的需要。

5.4 排洪设计

5.4.1 尾矿库的防洪标准应符合下列规定：

——尾矿库各使用期的防洪标准应根据使用期库的等别、库容、坝高、使用年限及对下游可能造成的危害程度等因素，按表9确定；

表9 尾矿库防洪标准

单位为年

尾矿库各使用期等别	一	二	三	四	五
洪水重现期	1000～5000或PMF	500～1000	200～500	100～200	100
注：PMF为可能最大洪水。					

——当确定的尾矿库等别的库容或坝高偏于该等上限，尾矿库使用年限较长或失事后对下游会造成严重危害者，防洪标准应取上限或提高等别；

——采用露天废弃采坑及凹地贮存尾矿的尾矿库，周边未建尾矿坝时，防洪标准应采用100年一遇洪水；建尾矿坝时，应根据坝高及其对应的库容确定库的等别及防洪标准；

——中线式或下游式尾矿筑坝的尾矿库，堆坝区的防洪标准应不小于50年一遇洪水；

——尾矿库排洪系统外的尾矿坝坝肩截水沟、坝面排水沟的防洪标准应不小于年最大24 h雨量均值。

5.4.2 尾矿库应设置排洪设施，排洪设施的排洪能力不应包括机械排洪的排洪能力。

5.4.3 除库尾排矿的干式尾矿库外，三等及三等以上尾矿库不得采用截洪沟排洪。中线式或下游式尾矿筑坝的尾矿库，堆坝区的洪水如无法通过拦砂坝渗出坝外，应在拦砂坝前设置排洪设施。

5.4.4 库尾式、库中式尾矿排矿筑坝的尾矿库的排洪设计应符合下列要求：

——在设计最终状态时的尾矿库外围应设置永久截排洪系统；

——当设计尾矿堆积坝坝高超过60 m，应设置中间截洪沟；

——尾矿堆积坝外坡面下游应设置拦砂坝，所形成库容应满足储存一次洪水冲刷挟带的泥砂量；

——拦砂坝前应设置排水设施，排水入口应高于泥沙淤积标高 0.5 m 以上，并应及时清理坝前淤积尾矿；

——尾矿库运行过程中，应在尾矿堆积区设临时排水沟，将洪水排至尾矿库下游，洪水不得在尾矿堆积坝外坡面无序排放。

5.4.5 尾矿库洪水计算应根据各省水文图集或有关部门建议的特小汇水面积的计算方法进行计算。当采用全国通用的公式时，应采用当地的水文参数。设计洪水的降雨历时应采用 24 h。

5.4.6 尾矿库调洪演算应采用水量平衡法进行计算。尾矿库的一次洪水排出时间应小于 72 h。

5.4.7 尾矿库应采取防止泥石流、滑坡、树木杂物等影响泄洪能力的工程措施。

5.4.8 尾矿库排洪构筑物型式及尺寸应根据水力计算和调洪计算确定，并应满足设计流态、日常巡检维修和防洪安全要求。对特别复杂的排洪系统，应进行水工模型或模拟试验验证。

5.4.9 尾矿库排洪构筑物应进行结构计算，结构计算应满足相应水工建筑物设计规范要求，排水井还应满足 GB 50135 的相关要求；尾矿、尾矿水、尾矿库岩土体、尾矿库地下水对排洪构筑物有腐蚀作用的，应对排洪构筑物采取防腐措施。

5.4.10 排洪构筑物的设计最大流速不应大于构筑物材料的允许抗冲流速。排水井井底应设置消力坑。在排水管或隧洞变坡、转弯和出口处，应根据具体情况采取消能防冲措施。

5.4.11 排洪构筑物的基础应避免设置在工程地质条件不良或填方地段。无法避开时，应进行地基处理设计。排洪构筑物不得直接坐落在尾矿沉积滩上。

5.4.12 除隧洞外的地下排洪构筑物应采用钢筋混凝土结构，其基础应置于有足够承载力的地基上。对于承载力不足的地基，应采取符合基础承载力要求的工程措施。

5.4.13 排洪设施在终止使用时应及时进行封堵，封堵后应同时保证封堵段下游的永久性结构安全和封堵段上游尾矿堆积坝渗透稳定安全及相邻排水构筑物安全。排水井的封堵体不得设置在井顶、井身段。

5.5 安全监测设施设计

5.5.1 尾矿库应设置人工安全监测和在线安全监测相结合的安全监测设施，人工安全监测与在线安全监测监测点应相同或接近，并应采用相同的基准值。监测设施横剖面应结合尾矿坝稳定计算断面布置，监测设施的布置还应满足下列原则：
——应全面反映尾矿库的运行状态；
——尾矿坝位移监测点的布置应根据稳定计算结果延伸到坝脚以外的一定范围；
——坝肩及基岩断层、坝内埋管处必要时应加设监测设施。

5.5.2 湿式尾矿库监测项目应包括坝体位移，浸润线，干滩长度及坡度，降水量，库水位，库区地质滑坡体位移及坝体、排洪系统进出口等重要部位的视频监控；干式尾矿库监测项目应包括坝体位移，最大坝体剖面的浸润线，降水量及坝体、排洪系统进出口等重要部位的视频监控；三等及三等以上湿式尾矿库必要时还应监测孔隙水压力、渗透水量及浑浊度。

5.5.3 尾矿库在线安全监测系统应符合下列规定：
——应具备自动巡测、应答式测量功能；
——应具备传感器和采集设备、供电系统、通信网络故障自诊断功能；
——应具备防雷及抗干扰功能；
——应具备数据后台处理、数据库管理、数据备份、预警、监测图形及报表制作、监测信息查询及发布功能；
——应具备与现场巡查、人工安全监测接口，进行数据补测、比测和记录。

5.5.4 尾矿库安全监测预警应由低级到高级分为蓝色预警、黄色预警、橙色预警、红色预警四个等级，设计单位应给出各监测项目的各级预警阈值。各监测项目及尾矿库安全状况各级预警等级的判定并应符合下列规定：
——当同类监测项目的监测点达到 4 个蓝色预警时，该项目为黄色预警；达到 3 个黄色预警时，该项目应为橙色预警；达到 2 个橙色预警时，该项目应为红色预警；
——当监测项目达到 4 个蓝色预警时，应计为 1 项监测项目黄色预警；达到 3 项黄色预警时，应计为 1 项监测项目橙色预警；当监测项目达到 2 项橙色预警时，应计为 1 项监测项目红色预警；
——尾矿库安全状况预警应由尾矿库安全监测项目的最高预警等级确定。

5.6 尾矿库施工及验收

5.6.1 承担施工的单位应建立完善的质量、安全管理体系，以及制定保证质量、安全的措施。

5.6.2 尾矿设施施工应按安全设施设计和施工图进行。当实际情况与工程勘察或设计不符需修改设计时，应取得勘察和设计单位的书面同意。

5.6.3 尾矿设施施工应做好施工组织设计及专项施工方案，并应合理安排施工顺序。

5.6.4 尾矿设施施工应对工地原有的控制点进行复查和校核，并应补充不足部分，同时应建立地面测量控制网。

5.6.5 尾矿设施施工中采用的材料、设备和构件应符合设计要求和产品标准，应有合法证明文件和产品合格证，不得使用国家明令淘汰的材料和设备。

5.6.6 尾矿设施施工中应建立技术档案。工程验收时，应具备施工原始记录、各种试验记录、质量检查记录、隐蔽工程验收记录和竣工图等资料，竣工图应由施工单位完成，不得使用设计图纸代替。

5.6.7 建设单位应在工程完工后按国家有关法律、行政法规的规定组织竣工验收。

6 尾矿库生产运行

6.1 一般规定

6.1.1 生产经营单位应建立健全尾矿库全员安全生产责任制，建立健全安全生产规章制度和安全技术操作规程，对尾矿库实施有效的安全管理。

6.1.2 生产经营单位应编制尾矿库年度、季度作业计划和详细运行图表，严格按照作业计划生产运行，做好记录并长期保存。

6.1.3 生产经营单位应开展安全风险辨识，建立安全风险分级管控体系，建立健全尾矿库安全生产事故隐患排查治理制度，及时发现并消除事故隐患。事故隐患排查治理情况应如实记录，并向从业人员通报。

6.1.4 生产经营单位应制订尾矿库安全使用规划，提出新建、改建、扩建、运行期安全性复核和闭库的计划。上游建有尾矿库、渣库、排土场或水库等工程设施的尾矿库，应了解上游所建工程的稳定情况，采取必要的防范措施。

6.1.5 尾矿库运行期的坝体、排渗设施、排洪设施及其封堵设施、监测设施等工程设施应进行施工图设计。

6.1.6 上游式尾矿筑坝法的子坝，中线式、下游式尾矿筑坝法的尾矿堆积坝，堆积坝坝体内预埋的排渗设施，干式尾矿库影响堆积坝最终外边坡稳定的区域，排洪设施的封堵设施等设施的施工过程应满足5.6.2～5.6.6要求，施工资料应经主管技术人员检查确认。

6.1.7 生产经营单位应在尾矿库库区设置明显的安全警示标识。

6.1.8 尾矿库应每三年至少进行一次安全现状评价。

6.1.9 采用尾矿堆坝的尾矿库,应在运行期对尾矿坝做全面的安全性复核,以验证最终坝体的稳定性和确定后期的处理措施;尾矿坝安全性复核前应对尾矿坝进行全面的岩土工程勘察,安全性复核工作应由设计单位根据勘察结果完成。安全性复核应满足下列原则:

——三等及三等以下的尾矿库在尾矿坝堆至 1/2~2/3 最终设计总坝高,一等及二等尾矿库在尾矿坝堆至 1/3~1/2 和 1/2~2/3 最终设计总坝高时,应分别对坝体做全面的安全性复核;

——尾矿库达到一等库后,坝高每增高 20 m 应对坝体进行全面的安全性复核;

——尾矿性质、放矿方式与设计相差较大时,应对尾矿坝体进行全面的安全性复核。

6.1.10 尾矿库应设置通往坝顶、排洪系统附近的应急道路,应急道路应满足应急抢险时通行和运送应急物资的需求,应避开产生安全事故可能影响区域且不应设置在尾矿坝外坡上。

6.2 入库尾矿指标检测

6.2.1 生产经营单位应根据尾矿堆存方式和筑坝方式配备必要的检测设施和人员,满足对入库尾矿相应指标定期检测的需要。

6.2.2 入库尾矿根据堆存方式和筑坝方式应按照设计文件要求的指标检测内容进行必要的检测,指标检测应至少包含以下内容:

——上游式尾矿筑坝法排放尾矿的比重、浓度、粒度;

——中线式、下游式尾矿筑坝法堆坝尾矿的比重、浓度、粒度;

——干式尾矿库入库尾矿的比重、含水率及碾压后的压实度。

6.2.3 湿式尾矿库入库尾矿指标检测频率应不少于每周一次,干式尾矿库入库尾矿指标检测频率应不少于每天一次,设计文件中对检测频率有明确要求的,检测频率还应满足设计要求。当检测指标与设计指标偏差超过 5% 时,应增加检测次数并分析原因、及时解决存在问题。检测指标与设计指标偏差超过 10% 时,应先停止排放,待问题解决后方可恢复排放。

6.3 尾矿筑坝与排放

6.3.1 尾矿筑坝与排放包括岸坡清理、尾矿排放、坝体堆筑、坝面维护、排渗设施施工和质量检查等环节,应按照设计要求和作业计划进行,并做好记录。

6.3.2 子坝及后期坝体堆筑前应进行岸坡处理,将树木、树根、草皮、坟墓及其他构筑物全部清除,清除杂物不得就地堆积,应运到库外。若遇有泉眼、水井、地道、溶洞或洞穴等,应按设计要求处理。

6.3.3 湿式尾矿库尾矿排放应满足下列要求:

——应按照设计要求排放尾矿,滩顶高程应满足生产、防汛、冬季放矿和回水要求;一次建坝的尾矿库,堆积高程及排矿顶面高程不得超过设计标高;

——矿浆排放不得冲刷初期坝或子坝,不得发生矿浆沿子坝上游坡脚流动冲刷坝体;

——排放口的间距、位置、开放的数量和时间等应按设计要求和作业计划进行操作,并做好放矿记录;

6.3.4 采用尾矿堆坝的湿式尾矿库尾矿排放除应满足 6.3.3 的要求外,还应满足下列要求:

——应在坝前均匀、分散排放,维持滩面均匀上升,滩面不得出现侧坡、扇形坡或细粒尾矿大量集中沉积于某端或某侧;

——坝顶及沉积滩面应均匀平整,沉积滩长度及滩顶最低高程应满足防洪设计要求;

——尾矿滩面上不得有积水坑。

6.3.5 湿式尾矿库的子坝及后期坝体堆筑应满足下列要求:

——尾矿坝堆积坡比应符合设计要求;

——每期坝堆筑完毕,应进行质量检查。主要检查内容应包括坝轴线位置、坝体长度、坝体高度、坝顶宽度、内外坡比等剖面尺寸,坝顶及上游坝脚处滩面高程,库内水位,筑坝质量等;

——上游式尾矿筑坝法需要在库内取砂堆筑子坝时,取砂位置距当期子坝上游坝脚直线距离不得小于 2 倍当期子坝坝高,应在滩面上沿坝轴线方向均匀取砂,不得在滩面上集中取砂;

——中线式及下游式尾矿坝堆筑应在运行期间做好堆坝尾矿砂量与库内堆存量之间的砂量平衡工作;

——采用旋流器底流尾矿直接充填筑坝时,底流矿浆浓度应大于不分选浓度。

6.3.6 干式尾矿库尾矿排放和堆筑前应进行试验,并根据试验结果和设计要求确定入库尾矿堆排作业程序。试验项目应包括下列内容：
　　——自然堆积状态下尾矿物理力学试验；
　　——室内击实试验；
　　——设计含水率情况下，不同铺料厚度和碾压遍数的碾压试验；
　　——压实后的尾矿物理力学指标试验。

6.3.7 干式尾矿库采用汽车运输和排放尾矿时，应符合下列规定：
　　——库内运输道路应满足车辆行驶安全要求，道路末端应设置卸料平台，其尺寸应满足运输车辆进出的安全要求；
　　——在各运行期的卸料平台布置应满足在采用机械摊平的条件下，将尾矿布放在整个库区的需要；
　　——在尾矿堆积边坡附近行走或卸料的运输车辆，应与尾矿堆积边坡的边缘保持足够的安全距离；
　　——当遭遇暴雨、凝冻等不良天气时应停止运输作业，不良天气过后需评估道路、卸料平台等作业区域的安全状况，满足运输条件后方可恢复作业。

6.3.8 干式尾矿库采用皮带运输和排放尾矿时，应符合下列规定：
　　——在各运行期皮带的长度、数量及布置应满足在采用机械摊平的条件下，将尾矿布放在整个库区的需要；
　　——皮带的末端应具有一定仰角和高度，满足机械作业的安全距离；
　　——寒冷地区采用皮带运输时，应采取防冻措施。

6.3.9 干式尾矿库排矿和筑坝时，排矿台阶设置、拦挡坝设置、尾矿压实度应符合设计要求；排矿与筑坝作业环节应按设计要求严格控制，不同区域的排矿作业方式、摊平厚度、碾压遍数及碾压范围、压实指标等均应满足设计要求，并应采取有效措施防止作业机械损坏坝体、排水构筑物等。

6.3.10 干式尾矿库运行过程中，应根据气候的变化情况及时调整尾矿排矿作业计划，并采取下列措施：
　　——入库尾矿应及时碾压，未经碾压的尾矿应采取措施，防止含水率增大；
　　——当尾矿库无法正常排矿作业时，应将干尾矿在应急场地暂存；
　　——恢复正常作业时，未经碾压的尾矿应视含水率变化情况，采取摊平、晾晒或其他措施调整含水率重新摊平、碾压；
　　——影响坝体外坡稳定区域的坝体堆筑应在雨季前完成；
　　——寒冷地区应在入冬前完成影响坝体外坡稳定区域的坝体堆筑。

6.3.11 坝外坡面维护工作应按设计要求进行，尾矿坝下游坡面上不得有积水坑。坝体出现冲沟、裂缝、塌坑等现象时，应及时处理。

6.3.12 尾矿库运行过程中应根据设计要求进行排渗设施的施工，施工后对排渗效果进行检查。

6.4 库水位控制与防洪

6.4.1 生产经营单位应按设计要求进行库水位控制与防洪。

6.4.2 生产经营单位每年汛前应委托设计单位根据尾矿库实测地形图、水位和尾矿沉积滩面实际情况进行调洪演算，复核尾矿库防洪能力，确定汛期尾矿库的运行水位、干滩长度、安全超高等安全运行控制参数。

6.4.3 湿式尾矿库库内水位控制应遵循下列原则：
——在满足防洪安全、回水水质和水量要求前提下，尽量降低库内水位；
——当库水位影响尾矿库安全时，应坚持安全第一的原则，降低库内水位；
——排出库内蓄水或大幅度降低库内水位时，应注意控制流量，非紧急情况不得骤降；
——岩溶或裂隙发育地区的尾矿库，应控制库内水深，防止渗漏；
——不得用子坝挡水。

6.4.4 干式尾矿库库内水位控制应遵循下列原则：
——尾矿库正常运行条件下不得存水；
——入库一次洪水应在72 h内排出库外。

6.4.5 尾矿库内应设置清晰醒目的水位观测标尺。汛期应加强对排洪设施检查，确保排洪设施畅通。

6.4.6 排洪构筑物的封堵预制件制作与安装应满足下列要求：
——预制件应按设计要求制作并妥善保存；
——预制件内壁表面应平整光滑，局部凸坎高度不应大于5 mm，并应按1∶10坡度打磨，长度的允许偏差为±3 mm，厚度不得出现负值；
——安装前应对预制件的强度、表面平整度等进行质量检查，保证用于安装的预制件质量满足设计要求；
——预制件应按设计要求安装，并确保安装质量。

6.4.7 洪水过后应对坝体和排洪设施进行全面检查，发现问题及时处理。

6.4.8 尾矿库排洪构筑物终止使用时，应严格按设计要求及时封堵，并确保施工质量。

6.5 渗流控制

6.5.1 尾矿库运行期间应加强浸润线监测,严格按设计要求控制浸润线埋深。

6.5.2 尾矿库运行期间,坝体浸润线埋深小于控制浸润线埋深时,应增设或更新排渗设施。

6.6 防震与抗震

6.6.1 尾矿库原设计抗震标准低于现行标准时,应采取可靠措施提高尾矿坝的抗震性能,使其满足现行标准的要求,常用的措施如下:
——在下游坡坡脚增设土石料压坡;
——对坝坡进行削坡、放缓坝坡;
——提高坝体密实度;
——降低库内水位或增设排渗设施,降低坝体浸润线。

6.6.2 震后生产经营单位应进行安全检查,及时修复被破坏的安全设施。

6.7 尾矿库安全监控

6.7.1 尾矿库运行时,应按设计及时设置人工安全监测设施和在线安全监测系统,并应按照设计定期进行各项监测。

6.7.2 尾矿库应每天日常巡查,大雨或暴雨期间应在现场实时巡查。人工安全监测设施安装初期应每半个月监测1次,6个月后应每月监测不少于1次。遇下列情况之一时,应增加监测次数:
——汛期;
——地震、连续多日下雨、暴雨、台风后;
——尾矿库安全状况处于黄色预警、橙色预警、红色预警期间;
——排洪设施、坝体除险加固施工前后;
——其他影响尾矿库安全运行情形。

6.7.3 人工安全监测应符合下列规定:
——应采用相同的观测图形、观测路线和观测方法;
——应使用相同技术参数的监测仪器和设备;
——应采用统一基准处理数据;
——每次监测应不少于2名专业技术人员。

6.7.4 在线安全监测频率应符合下列规定:

——尾矿库处于正常状态时，在线安全监测频率为 1 次/10 min～1 次/24 h；

——尾矿库安全状况处于非正常状态时，在线安全监测频率为 1 次/5 min～1 次/30 min。

6.7.5 尾矿库在线安全监测和人工安全监测的监测成果应定期进行对比分析。每年应进行一次专门数据分析，下列情况下应增加专门数据分析：

——尾矿库竣工验收时；

——尾矿库安全现状评价时；

——尾矿库闭库时；

——出现异常或险情状态时。

6.7.6 安全监测系统调试运行正常后，在线安全监测与人工安全监测的结果应基本一致，相同监测点在同一监测时间的在线安全监测成果与人工安全监测成果差值，不应大于其测量中误差的 2 倍。

6.7.7 尾矿库在线安全监测系统的管理和维护应设置专门技术人员负责。

6.7.8 尾矿库在线安全监测系统应全天候连续正常运行。系统出现故障时，应尽快排除，故障排除时间不得超过 7 d，排除故障期间应保持无故障监测设备正常运行，并加强人工监测；系统改建、扩建期间，不得影响已建成系统的正常运行。

6.7.9 尾矿库安全监测数据应及时整理，如有异常，应及时分析原因，采取对策措施。安全监测信息的分析、管理和发布，应综合现场巡查、人工安全监测和在线安全监测成果进行。

6.8 库区及周边条件规定

6.8.1 尾矿坝上和尾矿库区内不得建设与尾矿库运行无关的建、构筑物。

6.8.2 尾矿坝上和对尾矿库产生安全影响的区域不得进行乱采、滥挖和非法爆破等违规作业。

6.9 尾矿库隐患及重大险情处理

6.9.1 尾矿库存在下列一般生产安全事故隐患之一时，应在限定的时间内进行整治，消除事故隐患：

——尾矿库调洪库容不足，在设计洪水位时不能同时满足设计规定的安全超高和干滩长度的要求；

——排洪设施出现不影响安全使用的裂缝、腐蚀或磨损；

——经验算，坝体抗滑稳定最小安全系数满足表 7 规定值，但部分高程上堆积边坡过陡，可能出现局部失稳；
——坝体浸润线埋深小于 1.1 倍控制浸润线埋深；
——坝面局部出现纵向或横向裂缝；
——干式堆存尾矿的含水量偏大，实行干式堆存有一定困难，且没有设置可靠防范措施；
——坝面未按设计设置排水沟，冲蚀严重，形成较多或较大的冲沟；
——坝肩无截水沟，山坡雨水冲刷坝肩；
——堆积坝外坡未按设计设置维护设施；
——其他不影响尾矿库基本安全生产条件的非正常情况。

6.9.2 尾矿库存在下列重大生产安全事故隐患之一时，应立即停产，生产经营单位应制定并实施重大事故隐患治理方案，消除事故隐患：
——库区和尾矿坝上存在未按批准的设计方案进行开采、挖掘、爆破等活动。
——坝体出现大面积纵向裂缝，且出现较大范围渗透水高位出逸，出现大面积沼泽化；
——坝外坡坡比陡于设计坡比；
——坝体超过设计坝高，或者超设计库容贮存尾矿；
——尾矿堆积坝上升速率大于设计堆积上升速率；
——经验算，坝体抗滑稳定最小安全系数小于表 7 规定值的 0.98 倍；
——坝体浸润线埋深小于控制浸润线埋深；
——尾矿库调洪库容不足，在设计洪水位时，安全超高和干滩长度均不满足设计要求；
——排洪设施部分堵塞或坍塌、排水井有所倾斜，排水能力有所降低，达不到设计要求；
——干式堆存尾矿的含水量大，实行干式堆存比较困难，且没有设置可靠的防范措施；
——多种矿石性质不同的尾砂混合排放时，未按设计要求进行排放；
——冬季未按照设计要求采用冰下放矿作业；
——设计以外的尾矿、废料或者废水进库；
——其他危及尾矿库安全运行的情况。

6.9.3 尾矿库出现下列重大险情之一时，生产经营单位应立即停产，启动应急预案，进行抢险：
——坝体出现严重的管涌、流土等现象的；
——坝体出现严重裂缝、坍塌和滑动迹象的；
——经验算，坝体抗滑稳定最小安全系数小于表7规定值的0.95倍；
——尾矿库调洪库容严重不足，在设计洪水位时，安全超高和干滩长度均不满足设计要求，将可能出现洪水漫顶；
——排水井显著倾斜，有倒塌迹象的；
——排洪系统严重堵塞或者坍塌，不能排水或排水能力急剧降低；
——干式堆存尾矿的含水量过大，基本不能干式堆存，且没有设置可靠的防范措施；
——其他危及尾矿库安全的重大险情。

7 尾矿库回采

7.1 尾矿库回采各期的等别及相关要求按下列规定执行：
  ——尾矿库的等别应按4.5尾矿库的全库容和坝高确定；
  ——尾矿坝的稳定性应符合5.3.16的要求；
  ——尾矿库的防洪应符合5.4的相关要求。

7.2 尾矿库回采应符合下列要求：
  ——回采方式应技术合理、安全可靠；
  ——回采过程中应保证尾矿库安全设施的可靠性；
  ——回采顺序应按照"由内到外，先库后坝，从上至下，单层开采"原则进行；
  ——采用干式和湿式联合回采的尾矿库，应明确两种方法衔接的处理方案；
  ——同一座尾矿库内不得同时进行尾矿的回采和排放；
  ——尾矿库回采产生的新尾矿应进行尾矿再利用或另设尾矿库堆存。

7.3 尾矿库回采设计应包括下列主要内容：
  ——尾矿库回采的规模、回采范围、服务年限和相应可靠的回采安全措施；
  ——尾矿库回采的规划及顺序，包括回采工艺、输送方式、设备配置，以及现有设施的利用、保护；
  ——回采期间尾矿坝及库内回采边坡的稳定性分析及安全措施；
  ——回采期间尾矿库防洪标准、调洪演算及防洪安全措施；

—— 回采期间尾矿库的监测设施；
—— 回采结束后尾矿库的处置方案。

7.4 尾矿库回采全过程应设排洪设施，排洪设施应符合下列要求：
—— 原有排洪设施如继续使用，应保证其结构的可靠性；
—— 回采区与排洪设施间应设置排洪通道；
—— 应对排洪设施采取保护、防止淤堵措施；
—— 对于不继续使用的排洪设施，应采取可靠措施进行封堵。

7.5 尾矿库回采过程中需要预留或堆筑中隔坝时，应满足下列要求：
—— 中隔坝应按临时构筑物设计；
—— 中隔坝坝顶高程不得高于开采现状的坝顶高程；
—— 干式开采中隔坝由基底至坝顶不得高于 3 m。

7.6 干式回采应满足下列要求：
—— 单层开采的高度不得大于 3 m，台阶坡面角应根据尾矿力学性质确定；
—— 设备选型应根据地基承载力确定，必要时应采取相应地基加固措施；
—— 回采作业现场应设置合理的运输线路；
—— 回采设施应布置在安全地带，必要时应采取防止滑坡、泥石流措施。

7.7 湿式回采的采坑深度应不大于 6 m，水面以上边坡高度应不大于 3 m；边坡角水上部分应控制在 25°以下，水下部分应控制在 20°以下。

7.8 尾矿库回采生产运行应满足下列要求：
—— 尾矿库回采生产单位应建立回采安全管理制度、编制回采作业计划和回采事故应急救援预案，做好回采安全管理工作；
—— 距尾矿库内排水井、排水斜槽、排水涵管等设施周边 15 m 范围内的尾矿，不得采用挖掘机械回采并应均匀同步下降；
—— 尾矿回采过程中应对初期坝、库区防渗层采取相应的保护措施；
—— 暴雨、大雪、大风、大雾等恶劣天气期间不得回采作业，并且应采取安全防范措施；
—— 寒冷地区的尾矿库冰冻季节不得采用湿式回采；
—— 过采区应采取有效措施，防止滑坡、塌方和泥石流等灾害的发生。

7.9 尾矿库回采工程涉及的铲装作业、道路运输、带式输送机运输、水力开采、挖掘船开采及电气设施应按 GB 16423 相关规定执行。

7.10 尾矿库回采中止或结束后如继续堆存尾矿，应重新进行评价和设计，按照改建尾矿库的规定执行，否则应进行闭库，闭库应按尾矿库闭库的规定执行。

8 尾矿库闭库

8.1 尾矿库存在生产安全事故隐患的,闭库设计应包含生产安全事故隐患的治理措施。

8.2 尾矿库闭库勘察,除应对尾矿坝进行勘察外,还应对周边影响尾矿库安全的不良地质现象进行勘察。

8.3 未进行专门动力抗震计算的二等及以上尾矿库,闭库阶段应进行专门的动力抗震计算。

8.4 闭库设计应对闭库前后的尾矿库安全性进行分析,并应提出相应的闭库工程措施。设计重点应包括下列内容:
——坝体稳定性分析及尾矿坝闭库工程措施;
——尾矿库防洪能力复核及排洪系统闭库工程措施;
——影响尾矿库安全的周边环境闭库工程措施;
——监测设施闭库工程措施。

8.5 尾矿坝闭库工程措施应包括下列内容:
——对坝体稳定性不足的,应采取加固坝体、降低浸润线等措施,使坝体稳定性满足本标准要求;
——整治坝体的塌陷、裂缝、冲沟;
——完善坝面排水沟和土石覆盖或植被绿化、坝肩截水沟、监测设施等。

8.6 排洪系统闭库工程措施应包括下列内容:
——根据防洪标准复核尾矿库防洪能力,当防洪能力不足时,应采取增大调洪库容或增建排洪系统等措施,必要时应增设溢洪道等地面排洪设施;
——当原排洪设施结构强度不能满足要求或受损严重时,应进行加固处理;必要时应新建排洪设施,同时将原排洪设施进行封堵。

8.7 尾矿库闭库后,正常运行条件下库内不应存水。

9 生产经营单位安全检查

9.1 一般规定

9.1.1 生产经营单位应定期组织相关人员对尾矿库进行安全检查。安全检查每年应不少于4次,并做好记录;汛期前后、寒冷地区结冰期前应重点进行检查。

9.1.2 安全检查不得使用生产运行日常巡检结果及安全监测数据代替。需要采用仪器进行测量的,应按人工安全监测的要求进行测量,测量仪器的精度不得小于日常人工安全监测仪器的精度。

9.1.3 安全检查后应对检查记录进行整理、分析,对分析结论进行闭环处置,并对检查过程资料进行归档。

9.2 防洪安全检查

9.2.1 防洪安全检查主要内容应包括防洪标准、防洪安全运行管理的主要控制指标及排洪构筑物安全检查等。

9.2.2 尾矿库防洪标准安全检查应检查防洪标准与本标准规定的符合性。当防洪标准低于本标准规定时,应重新进行洪水计算及调洪演算,根据计算结果调整控制参数,必要时增设排洪设施。

9.2.3 防洪安全运行管理的主要控制指标安全检查应包括尾矿库库水位、进水堰顶高程、坝(滩)顶高程、干滩长度、干滩坡度检查,并应满足下列要求:

——尾矿库库水位检测的测点应选择能代表库内平稳水位的位置,测点数不少于2个;

——进水堰顶高程检测的测点应能反映进水堰的实际状况,测点数不少于3个;

——尾矿库坝(滩)顶高程的检测,应沿坝(滩)顶方向布置测点进行实测,测点总数不少于3个,每100 m坝长应选较低处设置1个~2个测点;当坝(滩)顶一端高一端低时,应在低标高段选较低处设置1个~3个测点;应选择各测点中最低点标高作为尾矿库坝(滩)顶高程;

——尾矿库干滩长度的检测,视坝长及水边线弯曲情况,应选干滩长度较短处布置1个~3个断面;测量断面应垂直于坝轴线布置,应选择最小值作为该尾矿库的沉积滩干滩长度;

——尾矿库沉积干滩的平均坡度检测,视沉积干滩的平整情况,每100 m坝长应布置1个~3个断面;测量断面应垂直于坝轴线布置,测点应尽量在各变坡点处进行布置,且测点间距应不大于10 m~20 m(干滩长者取大值);尾矿库沉积干滩平均坡度,应按各测量断面的尾矿沉积干滩平均坡度加权平均计算。

9.2.4 根据尾矿库实际的地形、水位和尾矿沉积滩面,应对尾矿库防洪能力进行复核，确定尾矿库安全超高、干滩长度和干滩坡度是否满足设计要求。

9.2.5 排洪构筑物安全检查的主要内容应包括构筑物有无变形、位移、损毁、淤堵，排水能力是否满足设计要求。

9.2.6 排水井检查内容应包括内径、窗口尺寸及位置，井壁剥蚀、脱落、渗漏、最大裂缝开展宽度，井身倾斜度和变位，井、管联接部位，拱板放置、断裂、最大裂缝开展宽度，拱板之间以及拱板与井壁之间的防漏充填物、漏砂，进水口水面漂浮物，停用井封堵方法及措施，排水井拱板安装辅助设施设置情况。

9.2.7 排水斜槽检查内容应包括断面尺寸，槽身变形、损坏、坍塌、最大裂缝开展宽度，盖板放置、断裂、最大裂缝开展宽度，盖板之间以及盖板与槽壁之间的防漏充填物、漏砂，斜槽内淤堵等。

9.2.8 排水管检查内容应包括断面尺寸，变形、破损、断裂、磨蚀、最大裂缝开展宽度，管间止水及充填物，管内渗漏尾砂，管内淤堵等。

9.2.9 排水隧洞检查内容应包括断面尺寸，洞内塌方，衬砌变形、破损、断裂、剥落、磨蚀、最大裂缝开展宽度，伸缩缝、止水及充填物，洞内渗漏尾砂，洞内淤堵及排水孔工况等。

9.2.10 溢洪道、截洪沟检查内容应包括断面尺寸，沿线山坡滑坡、塌方，衬砌变形、破损、断裂、磨蚀，沟内淤堵等，对溢洪道还应检查溢流坎顶高程，消力池及消力坎等。

9.2.11 排洪构筑物检查应有影像资料。对裂缝、孔洞、鼓包和排水井基座、转流井等重要部位录像或摄像时应辅以测量尺等工具进行详细测量并做好标识。

9.2.12 检查人员应根据检查作业环境配备低压强光照明设备、供氧设施、安全帽、无线通信等必要的安全防护装备，并做好有限空间作业防护预案，人数不少于2人。

9.3 尾矿坝安全检查

9.3.1 尾矿坝安全检查主要内容应包括坝的轮廓尺寸，变形，裂缝、滑坡和渗漏，坝面维护设施等。

9.3.2 检测坝的外坡坡比时，应选择最大坝高断面和坝坡较陡断面，且每100 m坝长应不少于2处。

9.3.3 检查坝体位移时，应对坝体设置的位移监测点进行全面测量，并结合日常监测数据分析坝的位移量变化趋势。坝的位移量变化应均衡，无突变现象，且应逐年减小。当位移量变化出现突变或有增大趋势时，应查明原因，即时处理。

9.3.4 检查坝体裂缝和滑坡时，应检查坝体有无纵、横向裂缝和滑坡迹象。发现坝体出现裂缝时，应查明裂缝的长度、宽度、深度、走向、形态和成因，判定危害程度；发现坝体出现滑坡迹象时，应查明潜在滑坡位置、范围和形态以及滑坡的动态趋势。

9.3.5 检查坝体渗漏时，应包括坝体浸润线，坝体外坡及下游渗漏，坝体排渗设施。坝体浸润线检查应查明浸润线的位置、形态；坝体外坡及下游渗漏检查应查明坝体外坡及下游有无渗漏出逸点，出逸点的位置、形态、流量及含砂量等；坝体排渗设施检查应查明排渗设施是否完好、排渗效果及排水水质。

9.3.6 检查坝面维护设施时，应检查坝肩截水沟和坝坡排水沟断面尺寸，衬砌变形、破损、断裂和磨蚀，沟内淤堵，沿线山坡稳定性等；应检查坝坡土石覆盖等护坡实施情况。

9.4 放矿安全检查

9.4.1 尾矿库放矿安全检查应重点检查放矿及筑坝方式是否符合设计要求。对于寒冷地区的尾矿库，还应检查是否采取冬季放矿措施及冬季是否具备正常运行的条件。

9.4.2 干式尾矿库的排矿作业安全检查应包括下列内容：
——检查尾矿运输道路和巡视道路的安全状况是否满足安全要求；
——检查机械设备运行是否满足安全要求；
——检查排矿筑坝方式是否符合设计要求；
——检查排矿台阶设置、拦挡坝设置、排水坡度、坡向是否符合设计要求。

9.5 尾矿库库区安全检查

9.5.1 尾矿库库区安全检查主要内容应包括周边山体稳定性，违章建筑、违章施工和违章采选作业等情况。

9.5.2 检查周边山体滑坡、塌方和泥石流等情况时，应详细观察周边山体有无异常和急变，并根据岩土工程勘察报告，分析周边山体发生滑坡的可能性。

9.5.3 检查库区范围内是否存在危及尾矿库安全的行为，主要内容应包括违章爆破、采石和建筑，违章进行尾矿回采、取水，外来尾矿、废石、废水和废弃物排入，放牧和开垦等。

9.5.4 尾矿库库区安全检查还应包括库区防、排渗设施的可靠性检查，库区生产道路是否通畅检查，临时及永久性安全警示标识的设置是否完备、清晰。

9.6 监测系统安全检查

9.6.1 尾矿库监测系统安全检查主要内容应包括监测内容、监测设施布置及监测设施的维护。

9.6.2 监测内容安全检查应检查监测内容及监测预警值的设置是否满足设计要求。监测设施安全检查应检查监测设施的设置是否满足设施要求，监测设施是否有损坏，是否运行正常。

9.6.3 监测设施维护安全检查应检查监测设施是否定期检查和维护，监测设施的可靠性和完整性，人工监测设施与在线监测设施是否定期比对和校正。

9.7 其他设施安全检查

9.7.1 其他设施安全检查主要内容应包括照明设施、管理站、通信设施、应急管理设施等。

9.7.2 检查尾矿库照明设施时，应检查照明设施是否满足夜间安全生产使用要求，照明线路、设备及其布置是否安全规范。

9.7.3 检查尾矿库管理站时，应检查尾矿库管理站位置、规格，值班和日常安全检查记录情况，管理站及作业、管理人员与外部通信设施是否畅通。

9.7.4 检查尾矿库应急管理设施时，应检查应急救援物资配备情况，应急道路是否畅通。

10 生产经营单位应急管理

10.1 生产经营单位应落实尾矿库应急管理主体责任，建立健全尾矿库生产安全事故应急工作责任制和应急管理规章制度，制定应急救援预案，并及时发放到尾矿库各部门、岗位和应急救援队伍。

10.2 编制应急救援预案时应考虑下列因素：
——尾矿坝溃坝；
——坝坡深层滑动；
——洪水漫顶；
——水位超警戒线；

——排洪设施损毁；
——排洪系统堵塞；
——发生暴雨、山洪、泥石流、山体滑坡、地震等灾害。

10.3 应急救援预案内容应包括：
——应急机构的组成和职责；
——应急救援预案体系；
——尾矿库风险描述；
——预警及信息报告；
——应急响应与应急通信保障；
——抢险救援的人员、资金、物资准备；
——应急救援预案管理。

10.4 生产经营单位每年汛前应至少进行一次应急救援演练，并长期保存演练方案、记录和总结评估报告等资料。

10.5 生产经营单位应每三年进行一次应急救援预案评估，有下列情形之一的，应及时修订预案：
——制定预案所依据的法律、法规、规章、标准发生重大变化；
——应急指挥机构及其职责发生调整；
——尾矿库生产运行面临的潜在风险发生重大变化；
——重要应急资源发生重大变化；
——在预案演练或者应急救援中发现需要修订预案的重大问题；
——其他应修订的情形。

10.6 生产经营单位应建立应急值班制度，配备应急值班人员，汛期实施 24 h 值班值守。

10.7 生产经营单位应建立符合国家法律法规要求的应急救援队伍，应急救援人员应培训合格并定期组织训练。

10.8 生产经营单位应设置尾矿库应急物资库，储备满足预案要求的应急救援器材、设备和物资，并定期进行检查、维保及更新补充。应急物资库的建设地点布置应遵循下列原则：
——应建在尾矿坝附近且基础稳定的区域；
——应与应急道路直接相通；
——不应直接建在尾矿坝上或尾矿库下游。

10.9 尾矿库发生险情或事故后，生产经营单位应立即启动应急救援预案，科学组织抢险救援，并按有关规定报告事故情况。

11 尾矿库安全评价

11.1 一般规定

11.1.1 尾矿库新建、改建、扩建项目及回采建设项目应进行安全预评价和安全验收评价；尾矿库生产运行期及闭库前应进行安全现状评价。

11.1.2 尾矿库安全评价前期应进行现场踏勘，踏勘项目应包括地形地貌、不良地质现象、周边人文地理环境，安全验收评价还应包括工程施工、监理和试运行情况，安全现状评价还应包括尾矿坝运行情况、排洪设施完好程度、安全监测设施运行情况。

11.1.3 生产经营单位应根据各项评价的目的和要求分别向评价单位提供下列资料：

—— 尾矿库现状地形图及上、下游有关资料；
—— 水文气象资料；
—— 尾矿库岩土工程勘察报告；
—— 尾矿库安全设施设计资料；
—— 尾矿库安全设施施工资料；
—— 尾矿库运行管理资料，包括安全风险管控、隐患排查治理、监测监控等安全管理和事故及其处理情况；
—— 其他有关资料。

11.2 安全预评价

11.2.1 安全预评价应对可行性研究报告提出的建设方案进行安全可靠性评价，评价重点应包括：

—— 库址选择的合理性评价，包括尾矿库对下游居民和重要设施等周边环境的安全影响，以及自然灾害、地质环境灾害和人文环境等周边环境对尾矿库的安全影响；
—— 尾矿坝坝址和坝型选择的合理性评价，对坝体渗流稳定性和抗滑稳定性进行定量计算，并对尾矿坝安全状况进行分析判断；
—— 排洪系统布置的合理性及排洪能力的可靠性评价，采用水量平衡法进行调洪演算，并对防排洪安全状况进行分析判断；

——尾矿库安全监测系统的完整性及可靠性评价；

——辨识尾矿库投产运行后在运行过程中存在的主要危险有害因素，并分析其可能导致发生事故的诱发因素、可能性及严重程度；

——可行性研究报告中危险有害因素预防和控制措施的可靠性评价。

11.2.2 安全预评价报告应有明确的评价结论，评价结论应包括：

——列出主要危险、有害因素，指出建设项目应重点防范的重大危险有害因素，明确应重视的安全对策措施建议；

——可行性研究报告与安全生产有关的国家法律、法规、规章、标准和规范的符合性；

——明确建设项目潜在的危险、有害因素在采取安全对策措施后，能否得到控制以及受控的程度。

11.3 安全验收评价

11.3.1 安全验收评价应对建设项目是否具备安全验收条件进行评价，评价的重点应包括：

——安全设施是否与主体工程同时设计、同时施工、同时投入生产和使用；

——安全设施与批复的安全设施设计及施工图的符合性及其确保安全生产的可靠性；

——安全生产责任制、安全管理机构及安全管理人员、安全生产制度、事故应急救援预案建立情况等安全管理相关内容是否满足有关安全生产法律、法规、规章、标准、规范性文件的要求及其落实情况；

——辨识分析致使已建成的建设项目的安全设施和措施失效的危险、有害因素，并确定其危险度；

——是否有完备的经监理和业主确认的隐蔽工程记录；

——各单项工程施工参数与质量是否满足国家和行业规范、规程及设计要求；

——提出合理可行的安全对策措施和建议。

11.3.2 安全验收评价报告应有明确的评价结论，评价结论应包括：

——建设项目安全设施与安全设施设计及施工图的符合性及其有效性；

——致使已建成的建设项目的安全设施和措施失效的危险、有害因素及其危险度；

——对建设项目是否具备安全验收条件做出明确结论。

11.4 安全现状评价

11.4.1 安全现状评价应对尾矿库运行及管理状况进行评价，评价的重点应包括：

——尾矿库自然状况的说明及评价，包括尾矿库的地理位置、周边人文环境、库形、汇水面积、库底与周边山脊的高程、工程地质概况等；

——尾矿坝设计及现状的说明与评价，包括初期坝的结构类型、尺寸、尾矿堆坝方法、堆积标高、库容、堆积坝的外坡坡比、坝体变形及渗流、采取的工程措施等，并根据勘察资料或经验数据对尾矿坝稳定性进行定量分析；

——尾矿库防洪设施设计及现状的说明与评价，包括尾矿库的等别、防洪标准、暴雨洪水总量、洪峰流量、排洪系统的型式、排洪设施结构尺寸及完好情况等，并复核尾矿库防洪能力及排洪设施的可靠性能否满足设计要求；

——安全监测设施的可靠性评价，包括安全监测设施的监测项目、数量、位置、精度、监测周期、预警功能等方面；

——尾矿库在下个评价周期间的坝体稳定性和排洪系统的安全分析；

——安全管理的完善程度及评价。

11.4.2 安全现状评价报告应有明确的评价结论，评价结论应包括：

——尾矿坝稳定性是否满足设计要求；

——尾矿库防洪能力是否满足设计要求；

——尾矿库的安全监测设施是否满足设计要求；

——尾矿库与周边环境的相互安全影响；

——尾矿库下个评价周期间的坝体稳定性和防洪能力是否满足设计要求；

——安全对策；

——对尾矿库是否具备继续生产运行的安全生产条件做出明确结论。

12 尾矿库工程档案

12.1 生产经营单位应建立尾矿库工程档案管理制度，尾矿库工程档案应包括尾矿库建设和管理活动中形成的有关历史记录，应确保其完整准确、安全保管和有效利用。

12.2 尾矿库工程档案应按工程建设、生产运行、回采和闭库等阶段分别进行档案管理。

12.3 尾矿库建设及回采工程档案应包括下列文件及资料：
——项目审批、核准或备案等与项目建设相关的批准文件；
——永久水准基点标高、坐标位置、控制网、不同比例的地形图等测绘资料；
——库区、坝体、主要构筑物在不同阶段的岩土工程勘察资料；
——不同设计阶段的有关设计文件、图纸和设计变更等设计资料；
——安全预评价、安全验收评价、安全现状评价等安全评价资料；
——工程施工过程中有关施工、监理单位的文件、报告、图纸、影像以及记录等施工、监理资料；
——试运行期间的相关记录以及试运行报告等试运行资料；
——工程竣工时有关施工、监理、设计、评价以及建设单位的文件、报告、图纸以及记录等工程竣工验收资料。

12.4 尾矿库生产运行档案应包括年度作业计划、生产记录、安全检查记录及处理、事故及处理等。

12.5 尾矿库闭库工程档案应包括勘察报告、安全现状评价、闭库设计、施工及验收等资料。

12.6 其他档案应包括尾矿库运行期管理的往来文件以及基层报表和分析资料等资料。

12.7 在线监测数据、影像等采用电子版文件保存的资料，应进行备份。

附 录 A
（资料性）
尾矿库典型参数示意图

图 A.1 至图 A.7 给出了湿式尾矿库和干式尾矿库的不同堆坝方式的典型参数示意图。

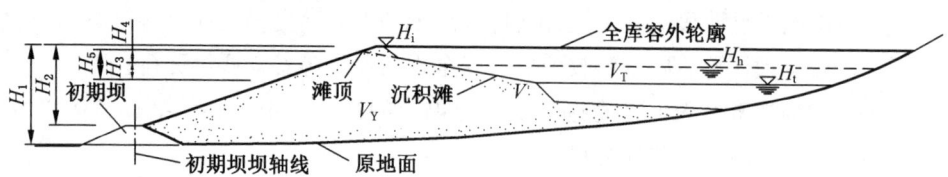

说明：

V ——全库容；

V_Y ——有效库容；

V_T ——调洪库容；

H_i ——运行期坝顶标高；

H_h ——设计洪水位标高；

H_t ——调洪起始水位标高；

H_1 ——尾矿坝高；

H_2 ——堆坝高度或堆积高度；

H_3 ——调洪高度；

H_4 ——非地震运行条件下的安全超高；

H_5 ——防洪高度。

图 A.1 上游式尾矿筑坝法典型参数示意图

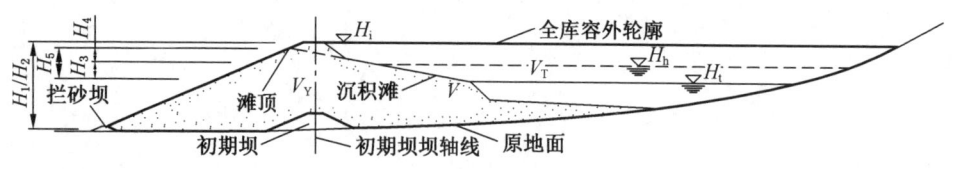

说明：

同图 A.1。

图 A.2 中线式尾矿筑坝法典型参数示意图

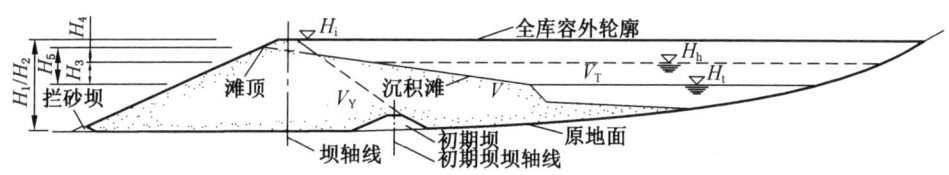

说明：

同图 A.1。

图 A.3 下游式尾矿筑坝法典型参数示意图

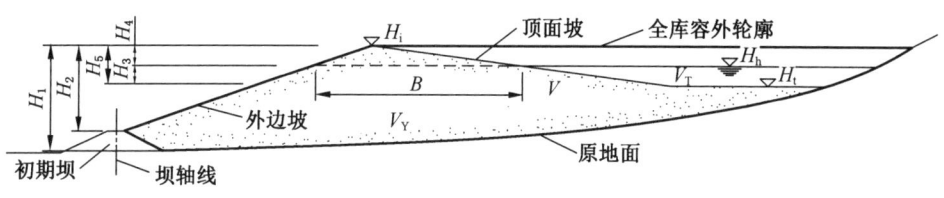

说明：

B——防洪宽度；

其余同图 A.1。

图 A.4 库前式尾矿排矿筑坝法典型参数示意图

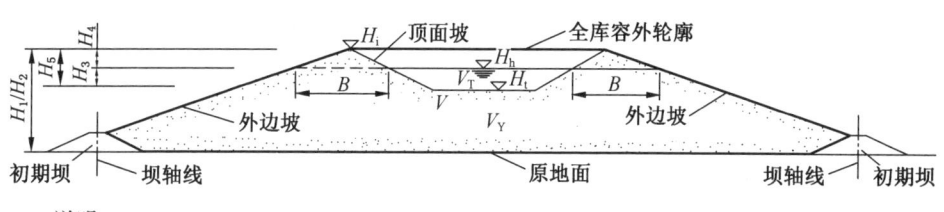

说明：

B——防洪宽度；

其余同图 A.1。

图 A.5 库周式尾矿排矿筑坝法典型参数示意图

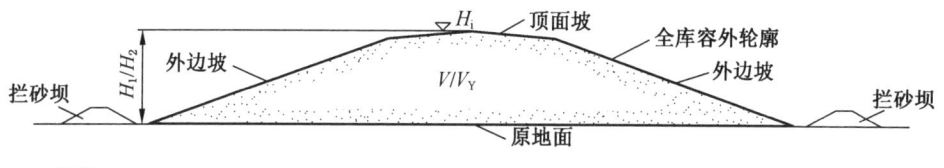

说明：

同图 A.1。

图 A.6 库中式尾矿排矿筑坝法典型参数示意图

233

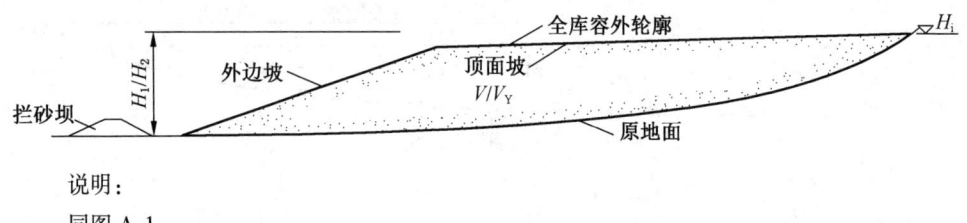

说明:

同图 A.1。

图 A.7 库尾式尾矿排矿筑坝法典型参数示意图

附 录 B
（规范性）
尾矿定名表

表 B.1 给出了尾矿按粒度组成和塑性指数确定尾矿类别和尾矿定名的准则。

表 B.1 尾矿定名表

尾矿		判别标准
类别	名称	
砂性尾矿	尾砾砂	粒径大于 2 mm 的颗粒质量占总质量的 25%～50%
	尾粗砂	粒径大于 0.5 mm 的颗粒质量超过总质量的 50%
	尾中砂	粒径大于 0.25 mm 的颗粒质量超过总质量的 50%
	尾细砂	粒径大于 0.074 mm 的颗粒质量超过总质量的 85%
	尾粉砂	粒径大于 0.074 mm 的颗粒质量超过总质量的 50%
粉性尾矿	尾粉土	粒径大于 0.074 mm 的颗粒质量不超过总质量的 50%，且塑性指数不大于 10
黏性尾矿	尾粉质黏土	塑性指数大于 10，且小于或等于 17
	尾黏土	塑性指数大于 17
定名时应根据颗粒级配由大到小以最先符合者确定。 塑性指数应由相应于 76 g 圆锥仪沉入土中深度为 10 mm 时测定的液限计算确定。